RIESEN
TRAKTOREN

HEEL Verlag GmbH
Gut Pottscheidt
53639 Königswinter
Telefon 0 22 23 / 92 30-0
Telefax 0 22 23 / 92 30 26
Mail: info@heel-verlag.de
Internet: www.heel-verlag.de

1. Auflage in 6 Sprachen, deutsche Auflage erschienen im Landwirtschaftsverlag, Münster-Hiltrup

Redaktion: DT-Media Team, bestehend aus Dieter Theyssen, Bernhard Roes und Peter D. Simpson,
Autorenteam: Dieter Theyssen, Bernhard Roes, Peter D. Simpson, Michael Bruse, Berthold Hengefeldt, Mechthild Testroet

Titelfoto:
© John Deere

Referenzen:
Ultimate Tractor Power Vol 1; Peter D Simpson – Japonica Press
Ultimate Tractor Power Vol 2; Peter D Simpson – Japonica Press
Farm Tractors 1950 – 1975; Lester Larsen – ASAE
Farm Tractors 1975 – 1995; Larry Gay – ASAE

Fotos:
Peter D. Simpson, Dieter Theyssen, Bernhard Roes, Alexander Konopinskij
© Werksmaterial S.78 bis S.97 John Deere

© Werksmaterial S.109 bis S.119 Massey Ferguson – AGCO Corperation

Gestaltung und Satz der Neuausgabe:
Karl-Josef Gerhardt

Printed in Germany

ISBN: 978-3-86852-180-1

Dieter Theyssen / Bernhard Roes-Peter / D.Simpson

RIESEN TRAKTOREN

HEEL

INHALT

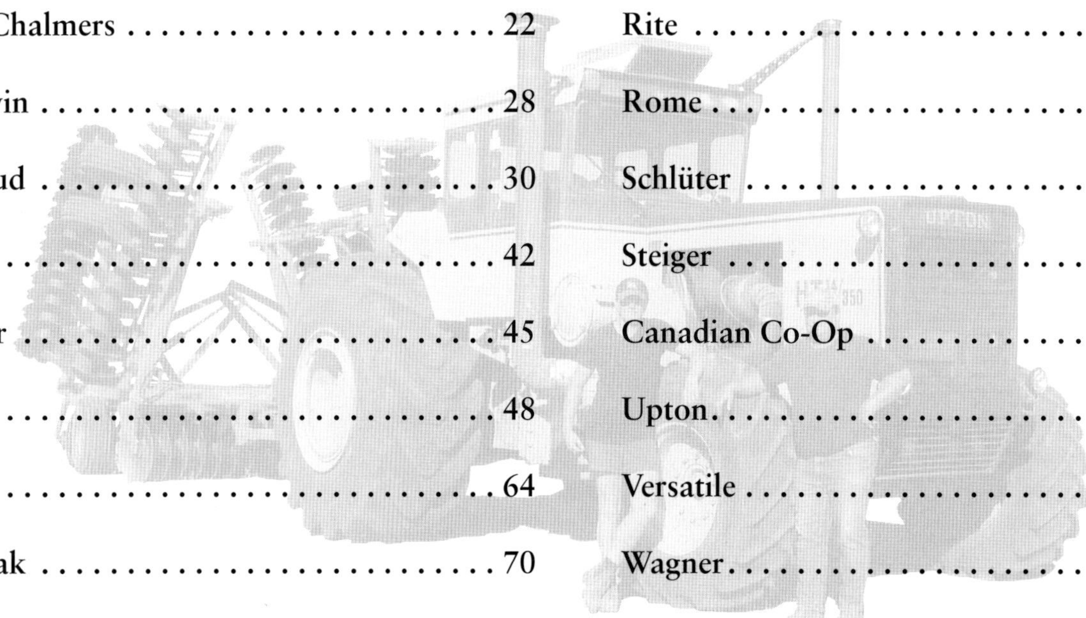

VORWORT

Als mein Arbeitsleben vor fast 35 Jahren begann, waren die ersten Traktoren, die ich fuhr, kleine Standardschlepper, wie der Ferguson TE-20, der Massey Ferguson 35 und der Fordson Major. Ungefähr fünf Jahre später durfte ich mit einem neuen Ford 5000 fahren, dieser Traktor erschien mir als der größte Schlepper der Welt.
In den folgenden Jahren wuchs die Traktorengröße und die PS-Zahl in enormer Geschwindigkeit. Jahr um Jahr verbesserten sich Technologie, Komfort, Klimaanlagen, Elektronik; bis zum Stereo Sound System wurden die Kabinen dem Arbeitsleben angepasst.
Es scheint so, als ob die Traktorfahrer diese jährlichen Veränderungen nahezu nicht bemerkt hätten. Als ich jedoch nach einiger Zeit zurückschaute und mich mit den enormen Veränderungen innerhalb eines Jahrzehnts beschäftigte, wuchs mein Interesse an der technischen Entwicklung der alten Traktoren, insbesondere der Größeren unter ihnen.
Als ich eines Tages eine Sammlung von Traktor-Prospekten und Magazinen der amerikanischen Knickschlepper fand, verlagerte sich mein Interesse und ging von den älteren Traktoren auf die großen Knicktraktoren über.
Heute liegt mein Hauptinteresse bei den vierradangetriebenen Traktoren der Landwirtschaft in der ganzen Welt. 1998 fragte mich der Verlag Japonica Press aus Großbritannien, ob ich eine Zusammenfassung dieser großen Traktoren von A–Z erstellen wolle. Die Arbeit dauerte über drei Jahre und dann erschienen die zwei Bände *Ultimate Tractor Power – articulated tractors of the world*. Im Sommer 2001 fragte mich DT-Media, ob ich bei der vorliegenden Buchproduktion assistieren könne.
Für das Werk Riesentraktoren im Einsatz zog das Team um die ganze Welt und lichtete die wichtigsten, seltensten und größten Schlepper ab, die in den letzten 50 Jahren eine bedeutende Rolle in der landwirtschaftlichen Entwicklung gespielt haben.

Peter D. Simpson

DANKSAGUNGEN

Seit dem Beginn der Dreharbeiten zur Videoserie Ackergiganten im Jahre 2001 haben viele Menschen zu dem großen Erfolg der Serie beigetragen. Es wäre unmöglich, allen Bauern, Landwirten, Redakteuren und Verantwortlichen in der Industrie hier im Einzelnen zu danken oder sie zu benennen.

Das Buch zeigt die große Anzahl an Traktoren, die wir in Amerika, Australien, Europa, Kanada, Südafrika und in der Ukraine gefunden haben. In all den Ländern besuchten wir die Farmen und die Traktorproduzenten und sind stets auf freundliche und hilfsbereite Menschen getroffen. Sie gaben ihre wertvolle Zeit für die Interviews und halfen bei der Suche nach bedeutenden, großen und seltenen Traktoren.

Unser größter Dank gilt den Hunderten von Farmern und Traktorfahrern, die uns erlaubten, ihr Land und ihre Traktoren bei der Arbeit zu fotgrafieren. Mit viel Geduld ertrugen sie es, nur für die Kamera ihren Traktor mehrmals zu starten oder bestmöglich in Szene zu setzen. Wir bedanken uns ebenfalls bei den Frauen der Farmer, die während dieser Arbeiten für unser leibliches Wohl sorgten.

All den genannten hilfsbereiten und freundlichen Menschen möchten wir ein großes Dankeschön aussprechen, denn ohne ihre Hilfe wären wir nicht in der Lage gewesen, viele der größten und stärksten Traktoren der Welt zu zeigen.

Das DT-Media Team
Dieter Theyssen
Bernhard Roes
Peter Simpson

EINFÜHRUNG

Riesentraktoren ist ein informativer Bildband über die Traktoren, die dem DT-Media Team rund um die Welt vor die Linse kamen.

Das Buch beschäftigt sich mit vielen knickgelenkten Großtraktoren, die unter anderem in Amerika produziert wurden und werden. Hersteller wie Steiger, Versatile und Wagner waren die Pioniere dieser Ackergiganten. John Deere, International Harvester, Case und Ford New Holland stiegen später erfolgreich in das Rennen um die Maschine mit den meisten PS ein.

Im Norden Montanas hielt die Kamera Traktoren fest, die von Farmern selbst gebaut wurden; darunter die Sonderanfertigungen der RITE-Traktoren von Dave Curtis. Auch der größte landwirtschaftliche Traktor, der je gebaut wurde und der auch heute noch bei der Feldarbeit benutzt wird, wird hier gezeigt: der bärenstarke Big Bud 16V-747 mit 900 PS der Brüder Williams in Big Sandy (USA).

Viele der bekannten Marken konnten auch in Europa mit der Kamera festgehalten werden. In Frankreich begleitete das Team die heimischen Bima-Traktoren bei ihrer Arbeit. In Deutschland gab es den größten vierradgetriebenen Traktor mit starrem Rahmen zu bestaunen: den Schlüter Profi Trac 5000 TVL mit seinen 500 PS. Neben den Knicklenkern werden aber auch Gummiraupentraktoren vorgestellt.

Weitere Traktoren mit atemberaubender Technik fanden wir in vielen Regionen der Welt – von Australien bis nach Amerika. In Australien wurden einheimische Schlepperhersteller interviewt und ihre Traktoren auf Film festgehalten. In Westaustralien begegnet der Zuschauer Laurie Phillips, der die Acremaster-Traktoren baute, während im Bundesstaat Victoria James Nagorcka mit seinen Waltanna- und FW-Waltanna-Maschinen bei der Arbeit beobachtet werden konnte.

Den Upton HT 14-350 entdeckte das Team bei der Herbstbestellung ebenfalls in „Down Under“, nämlich in New South Wales. Bei diesem Traktor handelt es sich um den größten Hinterradschlepper, der je gebaut wurde. Unter der Haube dieses 23 Tonnen schweren Giganten arbeiten beachtliche 350 PS.

In Südafrika ergab sich die günstige Gelegenheit, die leistungsstarken AGRICO-Traktoren abzulichten. Mehrere dieser grünen Großtraktoren konnten dabei beobachtet werden, wie sie mit scheinbar spielerischer Leichtigkeit die rote trockene Erde der North-West Provinz mit dem Tiefenlockerer bearbeiteten.

Um die Geschichte verschiedener Traktormarken weiter zu komplettieren besuchten wir anschließend Neuseeland und weitere Länder. So wurde beispielsweise in der Ukraine die Entwicklung und Herstellung von östlichen Traktoren festgehalten und dokumentiert.

All diese Traktoren und noch viele mehr werden in diesem Buch in alphabetischer Reihenfolge vorgestellt. Hier können Sie die technischen Details jener faszinierenden Modelle nachlesen, die alle Traktorenthusiasten begeistern und in ihren Bann ziehen. Wir möchten Ihnen mit diesem Buch ein informatives Nachschlagewerk zu den Vertretern der Kategorie Riesentraktoren an die Hand geben, die unter unterschiedlichsten und schwierigsten Bedingungen weltweit unschätzbare Dienste leisten.

LANZ ACKER BULLDOG HP

Allradgetriebene Knicktraktoren sind keine Erfindung der 50er und 60er Jahre des letzten Jahrhunderts. Tatsächlich findet man schon ganz zu Anfang des 20. Jahrhunderts allradgetriebene Knickschlepper. Hierzu gehörte zum Beispiel der in Deutschland hergestellte Lanz Acker Bulldog HP. Zwischen 1923 und 1926 wurden 723 Exemplare dieses Traktors gebaut.

Der Traktor hatte ursprünglich 12 PS und wurde später mit 15 PS angeboten. Er wog etwa 1,6 t und Vorder- und Hinterräder hatten fast dieselbe Größe: Die größeren Vorderräder (1050 x 200 mm) waren die Hauptantriebsräder, während die kleineren Räder an der Hinterachse (850 x 200 mm) für zusätzlichen Antrieb sorgten. Bei Testeinsätzen auf dem Feld schnitt der Bulldog aufgrund seines revolutionären Konzeptes bedeutend besser ab als andere Modelle seiner Klasse, oft schlug er sogar Traktoren, die mehr als doppelt so viel PS hatten!

Wegen des Knickgelenkes und der geschickten Gewichtsverteilung konnte der Bulldog seine eher bescheidene Motorleistung optimal auf den Acker bringen.

Der Verkauf des HP blieb trotz seiner erstaunlichen Vorteile hinter den Erwartungen zurück, da er durch den Allradantrieb und seine Lenkung einfach zu teuer war.

Der unter Fritz Huber entwickelte und von den Heinrich-Lanz-Werken in Mannheim gebaute Einzylinder-Traktor besaß einen einfachen und robusten Glühkopfmotor und wurde mit Hilfe einer Heizlampe gestartet. Wenn der Glühkopf Betriebstemperatur hatte, wurde das Lenkrad in das Schwungrad gesteckt und der Motor angeworfen. Einer der großen Vorteile des Glühkopfmotors war, dass man ihn mit dem günstigen Schweröl betreiben konnte.

Die Antriebskraft wurde ohne Schaltgetriebe auf die Räder verteilt. Um den Traktor zum Rückwärtsfahren zu bewegen, musste der Motor fast bis zum Stillstand heruntergeregelt und durch geschicktes Einspritzen zum Rückwärtslaufen animiert werden.

Die Höchstgeschwindigkeit lag in beiden Richtungen bei mageren 4,3 km/h.

Der hier abgebildete Traktor mit der Seriennummer 675 wurde 1923 gebaut und gehört zu den wenigen heute noch existierenden Exemplaren. Dieser Traktor wurde nach fast 60 Jahren in den Ruhestand versetzt und 1982 vollständig restauriert.

TANDEM

Zur gleichen Zeit, als auf den riesigen Ebenen im Nordwesten Amerikas Raupenschlepper immer beliebter wurden, fingen einzelne Farmer an, sich Schlepper zu bauen, die ihre Leistung und Bodenhaftung nach anderen Prinzipien erzielten: Zwei Traktoren zu einem zusammenzubauen war während der 1940er Jahre eine beliebte und wirkungsvolle, wenn auch etwas primitive Methode, einen vierradgetriebenen Traktor zu erhalten. Im Rahmen dieser „Evolution" wurde schließlich der erste echte Knickschlepper von den Wagner Brothers konstruiert.

Der erste Schritt war die Entwicklung einer einfachen Zugvorrichtung, mit deren Hilfe zwei Traktoren zusammengekoppelt werden konnten; das Endresultat war ein vierradgetriebener Traktor mit

Knicklenkung. Benutzte man zwei gleich große Motoren, konnte die Zugkraft des Schleppers mehr als verdoppelt werden, wenn man die Frontachsen entfernte.

Diese preisgünstige alternative Methode, Traktoren leistungsstärker zu machen, bedeutete, dass Schlepper jetzt auf Äckern arbeiten konnten, mit deren Bodenbedingungen sie vorher Schwierigkeiten gehabt hatten. Das Frontteil konnte dem Heckteil über weichen Boden helfen, während das Heckteil das Vorderteil anschieben konnte. Mit der zusätzlichen Leistung entstand auch der Bedarf nach größeren Anbaugeräten: Also fing man an, kleinere Arbeitsgeräte zusammenzukoppeln, sodass der Farmer seine Arbeitsleistung mehr als verdoppeln konnte.

Hier wurden zwei John Deere Zweizylinder-Traktoren zusammengekoppelt, der JD 830 und der JD 820. Beide Schlepper leisteten etwa 75 PS an der Riemenscheibe; zusammen konnten die verbundenen Schlepper problemlos 150 PS leisten.

Da der Traktor vom Frontteil aus bedient wurde, mussten dort alle Bedienungselemente doppelt eingebaut werden, sodass der Fahrer Gaspedal, Kupplung und Gangschaltung für beide Hälften gleichzeitig betätigen konnte. Dazu benutzte man ein Hydrauliksystem. Für ein stabiles Fahrverhalten musste der Fronttraktor etwas schneller laufen, um seitliches Wegrutschen auf schmierigen Böden in Kurven zu verhindern.

Der hier abgebildete Schlepper konnte einen 10 m breiten Grubber bei etwa 8 km/h ziehen. Das entspricht ungefähr 3 ha pro Stunde. Das Tandem verbrauchte etwa 37,5 l Kraftstoff pro Hektar.

ACO 350

Die Karriere des Südafrikaners Alf Coetzers als Traktorhersteller fing wie die der meisten anderen Produzenten von Großtraktoren an: Zuerst baute er einen Traktor für den Eigenbedarf, dann begann er auf seiner Farm im Orange Free State, Traktoren von Hand zu bauen, um sie an andere Farmer weiterzuverkaufen. Nur sehr wenige ACO-Traktoren wurden exportiert, eine Hand voll wurde in Australien beim lasergesteuerten Planieren landwirtschaftlicher Flächen eingesetzt.

Die schwergewichtigen, kraftstrotzenden Schlepper mit ihrem Full Powershift-Getriebe konnten bestens für die Arbeiten zur Verbesserung der Bewässerung eingesetzt werden. Dazu ausgelegt, unter schwierigen, unwirtlichen und trockenen Bedingungen zu arbeiten, eignet sich der ACO 350 ideal für den Einsatz auf den Großfarmen Australiens.

Der hier abgebildete Schlepper gehört dem Unternehmen Garth Hurlston Landforming in Tocuumwal, New South Wales. Die lasergesteuerte Scraper Box (Schürfkübel) ist ein All Farm Scraper, 4,80 m breit mit einem Volumen von über 12 m^3 (das entspricht etwa 16 t Erde). Bei einer durchschnittlichen Geschwindigkeit von 8 km/h ebnet die Scraper Box den Boden ein. Sobald der Behälter gefüllt ist, hebt der Fahrer ihn an und der Traktor fährt mit Hilfe des voll lastschaltbaren Getriebes mit 29 km/h dorthin, wo die Erde abgeladen werden soll.

ACO 350

- 1995–2001
- ADE V8 Motor 442TI
- 469 PS bei 2100 U/min
- Turbolader und Ladeluftkühlung
- Twin Disc-Wendegetriebe, 12 Vorwärts- und 4 Rückwärtsgänge
- Geschwindigkeit 29,8 km/h
- Gewicht 21,6 t

ACO 600

Dieser Schlepper gilt als der weltweit zweitgrößte Knicktraktor mit Vierradantrieb und ist definitiv der größte Traktor Südafrikas: Der ACO 600 mit seinen 600 KW/820 PS ist ein Unikat. Obwohl der Traktor serienreif entwickelt wurde, ging er nie in Produktion, da er für die meisten südafrikanischen Farmer zu groß und leistungsstark war – die Maschinen, die zu einem solchen Supertraktor mit seinen überdimensionalen Kräften gehörten, waren einfach nicht vorhanden – daher wurde nur ein einziger ACO 600 fertiggestellt.

Hoppie Mulder bestellt mehr als 7500 Hektar mit Mais und Sonnenblumen in der australischen Nord-West-Provinz. Hoppie brauchte einen großen Traktor, um alle Arbeiten der Saison pünktlich fertig

zu bekommen. Der Traktor musste rundherum mit Dreifachbereifung ausgestattet sein, um seine Leistungsstärke auf den sehr weichen, sandigen Böden der Farm voll ausnutzen zu können, denn der ACO 600 ist so kraftstrotzend, dass Zwillingsreifen einfach durchdrehen und sich eingraben würden. Er hat außerdem einen längeren Radstand als die meisten anderen Traktoren.

Dieser Traktor wird hauptsächlich für zwei Farmarbeiten gebraucht. Nach der Ernte wird damit eine fast 16 m breite Scheibenegge mit etwa 16 km/h über den Acker gezogen, was einer Leistung von 25,6 ha pro Stunde entspricht. Das zweite Gerät ist ein dreizinkiger Tiefengrubber, der mit 16 km/h bei Tiefen zwischen 75 cm und 90 cm arbeitet. Solche Tiefen sind nötig, um bei der Einarbeitung von organischem Dünger in den Boden die leichte Ackerkrume aus Sand mit der schwereren darunter liegenden Lehmschicht zu vermischen. Dies belüftet den Boden und erhält die Feuchtigkeit, da der jährliche Niederschlag bei mageren 51 cm liegt und die Temperaturen im Sommer auf mehr als 38 °C steigen.

ACO 600

- 1990
- ADE 444TI V12
- 600 kW/820 PS bei 2100 U/min
- Turbolader und Ladeluftkühlung
- Twin Disc Powershift-Getriebe, 12 Vorwärts- und 4 Rückwärtsgänge
- Geschwindigkeit 29,8 km/h
- Gewicht 25 t

ACREMASTER

Der australische Landmaschineningenieur Laurie Phillips war ständig auf der Suche nach neuen Ideen für seine Maschinen. Eines Tages sah er einem importierten kanadischen Versatile-Traktor bei der Arbeit zu. Ihm fiel auf, dass das Konzept des Traktors unkompliziert zu sein schien, da es auf gängigen Grundprinzipien beruhte. Es handelte sich um zwei Einheiten, die mit einer hydraulisch gesteuerten Knicklenkung verbunden waren. Der Antrieb muss von vorne auf Vorder- und Hinterachsen übertragen werden. „Es wäre überhaupt nicht schwer, einen eigenen Knicktraktor mit Vierradantrieb zu bauen", dachte Laurie.

Laurie Phillips kehrte zu seiner Werkstatt zurück und fing gleich mit der Arbeit an. Mit Hilfe von leicht erhältlichen Standardkomponenten, wie mit LKW-Planeten-Achsen von Leyland, einem Nissan-Motor, einem Spicer Zehngang-Getriebe, das sich bei Traktoren bereits bewährt hatte, und Teilen aus seiner eigenen Werkstatt baute er 1975 seinen ersten kostengünstigen 240 PS starken Acremaster 420.

Er baute in seiner kleinen Fabrik im westaustralischen Merredin zwischen 1975 und 1984 unter dem Namen Phillips Engineering insgesamt 185 Acremaster-Traktoren.

ACREMASTER 420

Brian Davis, einem alten Schulfreund aus dem nahe gelegenen Merriden wurde die Ehre zuteil, den Traktor testen zu dürfen. Brian, der Weizenanbau und Schafzucht betrieb, sagte, dass der Traktor besser zöge als jede andere Maschine, die er auf seiner 12.000 Hektar großen Farm hatte. Er benutzt den Traktor noch immer – es gab so gut wie nie Probleme mit ihm und er ist noch immer sein kräftigstes Pferd im Stall. Mit einer pneumatischen 10-m-Shearer-Sämaschine kann Brian innerhalb von 13 Stunden bequem 162 ha ausbringen.

ACREMASTER 420

- 1975
- Nissan Sechszylindermotor
- 240 PS bei 2400 U/min
- Spicer 10-Gang Wechselschaltgetriebe
- Höchstgeschwindigkeit 23,3 km/h
- Betriebsgewicht 9,4 t

ACREMASTER 403

Der 308 PS starke Acremaster 403 war ein sehr beliebter Traktor der mittleren Klasse mit insgesamt sechs unterschiedlichen Modellen in der gelb-weißen Serie. Der Hersteller Phillips Engineering entschied sich für Mercedes-Benz-Motoren, da sie für ihre Zuverlässigkeit und ihren geringen Kraftstoffverbrauch bekannt waren. Mit diesen konnten größere Ackerflächen bearbeitet werden, ohne nachtanken zu müssen, was bei den 24-Stunden-Schichten, die diese Traktoren oft leisteten, ein großer Vorteil war.

Die auf dem Kühler angegebene Zahl 230 bezeichnet die Stärke des Motors in Kilowatt: 230 kW entsprechen 308 PS.

In schlechten Jahren, in denen nur wenig Gewinn erwirtschaftet wird, ist es für den Farmer um so wichtiger, einen leistungsfähigen und verlässlichen Traktor zu haben. Für Kevin Arnold, der auf einer Farm mit mehr als 1600 Hektar in der Nähe von Bruce Rock in Westaustralien gemischten Getreideanbau betreibt, ist der 1982 gebaute Schlepper ein preiswertes Hilfsmittel, um seinen Boden zu bestellen, besonders, da in vielen Gegenden Australiens in letzter Zeit Dürre herrscht, wodurch die Ernteerträge niedrig sind. Normalerweise erwartet Kevin einen jährlichen Niederschlag von 300–330 mm auf seiner Farm. In den Jahren 2002 und 2003 fielen nur 100 mm Niederschlag: Bedingungen, unter denen es fast unmöglich war, das angebaute Getreide am Leben zu erhalten.

ACREMASTER 403

- 1975–1984
- Mercedes-Benz 403 V10
- 308 PS bei 2350 U/min
- Twin Disc 12-Gang-Getriebe
- Geschwindigkeit 26,9 km/h
- Gewicht 9,62 t

ACREMASTER 404A

Dale Tyler aus Wyalkatchem in Westaustralien bearbeitet seinen Boden mit zwei der größten Acremaster-Traktoren, die je gebaut wurden, dem 404A, dessen turbogeladener Mercedes-Benz-V12-Motor knapp unter 515 PS (387 kW) leistet.
Dale bearbeitet mehr als 8000 Hektar in einem Umkreis von 35 km: Bei einer solchen Fläche geht es einfach nicht ohne Großtraktoren. Indem er zwei Traktoren mit einer 18 m breiten Flexi Coil Airseeder (eine pneumatische Drillmaschine) einsetzt, kann er in einer Zwölf-Stunden-Schicht fast 350 ha Weizen aussäen.
In dieser Gegend Westaustraliens ist es sehr wichtig, die Bodenfeuchtigkeit so gut wie möglich zu halten, da der jährliche Niederschlag sehr niedrig sein kann – in einer trockenen Saison, wie 2002/2003, kann der Weizenertrag daher sehr gering ausfallen: 0,5 t pro ha.
In einem guten Jahr mit einem Niederschlag von 380 mm erwartet Dale einen Ertrag von 1,8 t pro ha.

ACREMASTER 404A

- 1975–1984
- Mercedes-Benz 404A V12
- 515 PS bei 2200 U/min
- Turbolader
- Twin Disc Powershift-Getriebe: 12 x 3
- Höchstgeschwindigkeit 25,9 km/h
- Betriebsgewicht 20,62 t

ACREMASTER RED

Das von Laurie Phillips gegründete Unternehmen Phillips Engineering meldete 1984 Konkurs an. Unmittelbar nach dem Konkurs des Unternehmens gründeten Roger Phillips, der ehemalige Verkaufsleiter, und Don Zanetic ein neues Unternehmen, das die gleichen Traktoren in Rot baute.

Die beiden Geschäftsführer unterschrieben ein exklusives Marketingabkommen mit International Harvester, dass die Traktoren als IH Acremaster in Australien vermarktet werden sollten. Es waren neun verschiedene Modelle geplant, die zwischen 210 PS und 528 PS haben sollten. Dieses Abkommen war aber nur von sehr kurzer Dauer, da Tenneco – die Muttergesellschaft von JI Case – Ende 1984 den bevorstehenden Kauf des Unternehmensbereichs Landmaschinen von International Harvester bekannt gab. Das damit entstandene Unternehmen Case-IH exportierte seine eigenen Traktoren von Amerika nach Australien. Das Abkommen war daher so schnell zu Ende, wie es begonnen hatte – nachdem nur eine Hand voll der roten IH Acremasters hergestellt worden war. Rote Original-Acremasters wurden noch eine Zeit lang gebaut, aber nach weniger als einem Jahr wurde die Produktion wieder eingestellt.

AGCOSTAR 8425

Am 26. Juli 1995 meldete die AGCO Corporation, dass sie mit einem neuen Markennamen und zwei neuen Traktormodellen in den Markt für Knicktraktoren einsteigen werde. Die brandneuen Modelle 8350 und 8425 waren mit der neuesten Technik ausgestattet, um Landwirten mit großen Flächen einen komfortablen, verlässlichen und kostengünstigen Schlepper anbieten zu können.
Der AGCOSTAR vereinigte das Beste von Allis-Chalmers, der Massey Ferguson 4800er Serie, dem MF 5200 und den McConnell Marc-Knicktraktoren in sich. Die 350 PS und 425 PS starken Modelle hatten den gleichen Rahmen, die gleiche Karosserie und einen identischen Stil: Das blitzsaubere Design bot eine geneigte Haube. Die Auspuffanlage war an der Seite der Kabine angebracht, um dem Fahrer ein besseres Blickfeld zu geben. Der Traktor hatte einen Schwenkwinkel von 35 Grad.
Im Jahre 1966 war der kleinere 8360er nur mit einem Cummins-Motor angeboten worden. Käufer des 8425ers hatten 1995 die Wahl zwischen zwei Motoren. Er konnte mit dem Detroit-Diesel aus der 60er Serie oder einem Cummins-N14-Motor bestellt werden. Dies ermöglichte dem Landwirt, den Motor entsprechend den Bedürfnissen seines Betriebs auszuwählen. Beide Motoren hatten Turbolader und Ladeluftkühlung. Beim Entwurf der AGCOSTAR-Traktoren legte man größten Wert auf einen niedrigen Kraftstoffverbrauch der Motoren. Elektronische Motorüberwachung erhöhte die Effizienz der Motoren und reduzierte die Betriebskosten. Um die Leistung auch den Boden bringen zu können, benutzte man ein Synchrongetriebe mit 18 Vorwärts- und zwei Rückwärtsgängen. Gerade im Bereich der meistgebrauchten Arbeitsgeschwindigkeiten von 5 bis 13 km/h standen dem Fahrer neun Gänge zur Verfügung. Ab 1998 wurde der Detroit-Dieselmotor nicht mehr für den AGCOSTAR 8425 angeboten, man beschränkte sich auf den Cummins-Motor.
Trotz ihrer erstklassigen Technik und Zuverlässigkeit wurden nur wenige AGCOSTAR verkauft. Als schließlich Caterpillar AGCO im Jahre 2002 die Rechte am Raupenschlepper Challenger anbot, stellte man die Produktion des vierradgetriebenen AGCOSTAR ein. AGCO ist jedoch weiterhin daran interessiert, einen Traktor für den anspruchsvollen Knickschleppermarkt zu produzieren.

AGCOSTAR 8425

- 1996–2002
- Cummins N-14 Sechszylindermotor
- 425 PS bei 2100 U/min
- Turbolader und Nachkühlung
- Synchrongetriebe, 18 Vorwärts- und 2 Rückwärtsgänge

AGRICO

Paul Andrag verließ 1896 seine Heimat Deutschland und fing im südafrikanischen Kapstadt ein neues Leben an. Es fiel ihm dort bald auf, dass viele Probleme der Farmer auf einem Mangel an angemessenen Geräten beruhten. Er war der Ansicht, dass Landmaschinen aus Europa einige der anstehenden Probleme lösen würden, und begann, Modelle von verschiedenen Herstellern zu importieren und vor Ort zu verkaufen.

Es dauerte zwar einige Jahre, bis Paul Andrag sich etabliert hatte, aber Mitte der 1930er Jahre besaß er Lizenzen für den Verkauf von Traktoren von Lanz, Deutz und John Deere, Mähdreschern der Firma Fahr und vielen anderen Geräten für die Landwirtschaft. Andrag führte den ersten Traktor mit Gummibereifung und die erste Beregnungsanlage ein und produzierte auch viele landwirtschaftliche Geräte vor Ort.

Im Jahre 1950 gründete Andrag ein Unternehmen namens Agrico Machinery PTY Ltd, die weiterhin Traktoren von Lanz und Landmaschinen verkaufte.

Agrico wagte 1982 den Schritt in den Markt für Großtraktoren und begann, eigene Knicktraktoren zu produzieren: Das erste eigene Modell wurde 1986 verkauft.

Höchstwahrscheinlich sind die Agrico-Traktoren die einzigen großen Knicktraktoren mit Allradantrieb, die heute noch immer von Hand und ohne Fließband gebaut werden. Produziert wird in der kleinen Stadt Lichtenburg in der Nord-West-Provinz mitten in Südafrikas Mais-, Erdnuss- und Sonnenblumenanbaugebiet. Metallfacharbeiter schneiden das 2,5 cm dicke Blech mit Gasschweißbrennern zu. Der Stahl wird auf handbedienten Pressen gebogen und geformt. Wenn alle benötigten Einzelteile fertig sind, werden der Vorderrahmen und der Hinterrahmen von Hand zusammengeschweißt.

Die Kabinen mit Überroll-Schutzsystem werden in einem Nachbargebäude hergestellt. Der Rahmen und das Fahrgestell werden zusammengebaut und von Hand lackiert, bevor die Achsen, das Getriebe und der Motor von einer kleinen Gruppe von Monteuren eingebaut werden. Schließlich werden Kühler und Räder, die ebenfalls in dieser kleinen Fabrik hergestellt werden, von einem Team von Facharbeitern montiert.

Nur wenige Komponenten wie Motoren, Getriebe, Achsen und Reifen werden von den jeweiligen Herstellern gekauft. Zurzeit werden die Sechszylindermotoren der Detroit-Dieselserie 60 benutzt; die Full Powershift-Getriebe kommen von ZF oder Allison. Agrico ist der Ansicht, dass die Reifen von Michelin am besten für die trockenen leichten Sandböden in der Mid-West Provinz und dem Orange Free State geeignet seien.

AGRICO 4+250

Agrico-Traktoren sind einfache, anwenderfreundliche Maschinen, die leicht zu betreiben und instand zu halten sind. Ihre Konstruktion berücksichtigt die Bedingungen, unter denen südafrikanische Farmer ihr Land bebauen müssen; wichtig ist hierbei besonders die Robustheit der Schlepper. Sie haben sich über die Jahre bewährt: Mit einer einzigen Ausnahme verdienen sich alle Traktoren, die von diesem Unternehmen gebaut wurden, noch immer ihr tägliches Brot im strapaziösen Einsatz auf den Feldern.

AGRICO 4+250

- Seit 1986
- Detroit Diesel Serie 60 Sechszylindermotor
- 350 PS bei 2100 U/min
- ZF Powershift-Getriebe, 6 Vorwärts- und 3 Rückwärtsgänge
- Höchstgeschwindigkeit 32 km/h
- Betriebsgewicht 17,6 t

AGRICO 4+320

Agrico baut seine Traktoren noch immer von Hand. Ursprünglich bauten sie ADE-Motoren ein. Heute liefern Mercedes-Benz- oder Detroit Diesel-Motoren die benötigten 150 bis 550 PS.

AGRICO 4+320

- Seit 1986
- Detroit Diesel Serie 60 Sechszylindermotor
- 427 PS bei 2100 U/min
- Allison Powershift-Getriebe, 6 Vorwärtsgänge und 1 Rückwartsgang
- Höchstgeschwindigkeit 35 km/h
- Betriebsgewicht 21,6 t

AGRICO 4+400

Agrico ist Südafrikas einziger Hersteller von Traktoren. Die Firma produziert in Lichtenburg in der Nord-West Provinz. Um das Angebot zu komplettieren, fertigt Agrico auch eine Serie von Industrie- und Forstwirtschaftstraktoren, welche auf der Basis der für die Landwirtschaft gebauten Traktoren beruhen.

AGRICO 4+400

- Seit 1986
- Detroit Diesel Serie 60 Sechszylindermotor
- 550 PS bei 2100 U/min
- Allison Powershift-Getriebe, 6 Vorwärtsgänge und 1 Rückwärtsgang
- Höchstgeschwindigkeit 35 km/h
- Betriebsgewicht 24,5 t

ALLIS-CHALMERS

Die Steiger Tractor Company aus Fargo, North Dakota, baute den ersten Allis-Chalmers-Knickschlepper, den AC 440. Der 440er mit seiner Motornennleistung von 208 PS war im Grunde genommen ein Steiger Bearcat der Serie I. Zwischen 1972 und 1975 wurde er in den Firmenfarben von Allis-Chalmers geliefert.

Die Serie 7000 zweiradgetriebener Traktoren von Allis-Chalmers kam 1973 auf den Markt. Ihr Design unterschied sich grundlegend von vorhergegangenen Modellen, sodass die Serie 7000 ganz anders aussah als frühere Allis-Chalmers-Traktoren. Sobald die Fabrik in West Allis, Wisconsin, mit allen nötigen Maschinen ausgestattet und die Produktion der Hinterradschlepper voll angelaufen war, stand den Plänen, selbst einen Allradschlepper herzustellen, nichts mehr im Wege. Der geplante Traktor sollte den von Steiger gebauten, langsam veraltenden 440er ersetzen.

Man machte sich viele der Kraftübertragungskomponenten der Hinterrad-Traktoren zunutze. Das Modell 7580 lief 1975 zum ersten Mal vom Band. Ausgestattet mit neuem Heck, Satteltanks, zusätzlicher Hydraulik, elektrischen Details und einigen weiteren Verbesserungen, sah er den anderen Traktoren der 7000er Serie trotzdem sehr ähnlich. Allis-Chalmers bot zwei Knicklenker an: den 220 PS starken 4W-220 und den 4W-305. 4W in der Modellbezeichnung steht für Vierradantrieb, die Zahlen 220 und 305 geben die Motornennleistung an. Die zwei Traktoren, die den 222 PS starken 7580 und den 8550 mit seinen 305 PS ersetzten, kamen 1982 auf den Markt.

Die Allis-Chalmers-Schlepper der 8000er und der 4W-Serie verwendeten die gleichen Motoren und Getriebe wie die vorangegangene Serie 7000. Die neuen Serien hatten dieselben Fahrerkabinen, jedoch im neuen Design. Es waren zudem die letzten Großtraktoren, die Allis-Chalmers herstellte.

Wegen zunehmender finanzieller Verluste schloss Allis-Chalmers 1985 seine Traktorenschmiede in West Allis, Wisconsin, und verkaufte an das westdeutsche Unternehmen Klöckner-Humboldt-Deutz.

Ab Ende 1985 wurden alle in Amerika hergestellten Allis-Chalmers-Traktoren orange lackiert und liefen unter dem Namen Deutz Allis; die kleineren in Deutschland produzierten Modelle, die nach Amerika ausgeführt wurden, behielten ihre Farbe: Deutz-Grün; sie wurden aber ebenfalls als Deutz Allis verkauft.

Die Produktion des Allis-Chalmers 4W-220 wurde 1984 eingestellt, die des 4W-305 ein Jahr später. Die letzten 4W-305-Traktoren wurden unter dem Namen Deutz Allis 4W-305 vermarktet.

ALLIS-CHALMERS 7580

Ein Allis-Chalmers 7580, Baujahr 1978, bei der Arbeit. Er zieht eine 6 m breite International Harvester-Scheibenegge. Bei etwa 10 km/h kann das Gespann problemlos und effizient knapp unter 6 ha pro Stunde bearbeiten.

ALLIS-CHALMERS 8550

Der hier gezeigte 1981 vom Band gelaufene Allis-Chalmers 8550 hat eine Motorleistung von 305 PS, die ein Allis-Chalmers-Sechszylindermotor 6120T mit zwei Turboladern produziert. Für ihn ist es ein Kinderspiel, die 9,75 m breite Emco-Scheibenegge und den 9,75 m breiten Glencoe-Packer mit 10 km/h hinter sich herzuziehen.

ALLIS-CHALMERS 8550

- 1978–1981
- Allis-Chalmers 6120T Sechszylindermotor
- 305 PS bei 2500 U/min
- 2 Turbolader
- Power Director-Getriebe, 20 Vorwärts- und 4 Rückwärtsgänge
- Höchstgeschwindigkeit 30,1 km/h
- Betriebsgewicht 11,78 t

8550
ALLIS-CHALMERS

ALLIS-CHALMERS 4W-220

Zwischen 1982 und 1984 wurden etwa 175 Exemplare der Modelle 4W-220 gebaut.

ALLIS-CHALMERS 4W-220
- 1982–1984
- Allis-Chalmers 670HI Sechszylindermotor
- 220 PS bei 2400 U/min
- Turbolader und Ladeluftkühlung
- Power Director-Getriebe, 20 Vorwärts- und 4 Rückwärtsgänge
- Höchstgeschwindigkeit 29,6 km/h
- Betriebsgewicht 9,58 t

ALLIS-CHALMERS 4W-305

Ab Ende Mai 1985 übernahm Klöckner-Humboldt-Deutz die Fertigung der Allis-Chalmers-Traktoren. Der 4W-305 wurde noch bis zum 6. Dezember 1985 gebaut und als Deutz Allis-Traktor verkauft. Zwischen 1982 und 1985 wurden in der Fabrik in West Allis, Wisconsin, etwa 410 Traktoren mit der Modellbezeichnung 4W-305 gebaut.

ALLIS-CHALMERS 4W-305

- 1982–1985
- Allis-Chalmers 6120T Sechszylindermotor
- 305 PS bei 2300 U/min
- 2 Turbolader
- Power Director-Getriebe, 20 Vorwärts- und 4 Rückwärtsgänge
- Höchstgeschwindigkeit 28,5 km/h
- Betriebsgewicht 12,1 t

BALDWIN DP 400

Zwischen 1979 und 1984 fertigte die australische Maschinenbaufirma E.M. Baldwin and Sons insgesamt 60 Baldwin-Traktoren: Man kann annehmen, dass jeder Einzelne dieser Schlepper auch heute noch seinem Besitzer treue Dienste leistet. Colin Morse, dem dieser 1984 gebaute Baldwin DP 400 gehört, erzählte, dass sein Traktor bereits mehr als 22.000 Arbeitsstunden auf dem Buckel habe und jetzt etwa 2000 Stunden im Jahr für das lasergestützte Planieren von Flächen eingesetzt werde.

Das Modell Baldwin DP 400 mit 400 PS wurde auf Wunsch entweder mit 13-Gang-Schaltgetriebe oder 12 x 2 Powershift-Getriebe geliefert; außerdem konnte man zwischen zwei Motoren wählen: dem Cummins NTA 855A oder dem Caterpillar 3406B mit Turbolader. 1984 wurde dem Unternehmen für den Baldwin 400 der australische Designpreis verliehen.

In der Gegend um Finley in New South Wales sind viele Farmen relativ große Mischbetriebe, die sowohl Schafe und Rinder züchten als auch Getreide anbauen. Obwohl die Farmen recht groß sind, lohnt es sich für den Farmer oft nicht, einen Großtraktor anzuschaffen, da er vielleicht nur einige Stunden im Jahr gebraucht wird. Die Alternative besteht darin, einen Lohnarbeiter mit seinem Spezialtraktor zu bestellen, der die nötige Arbeit schnell und geschickt erledigt und dann zum nächsten Auftrag weiterfährt. Colin Morse

arbeitet schon seit vielen Jahren als Lohnunternehmer mit seinem Baldwin DP 400 und der Scraper Box in New South Wales. Überall dort, wo seine Dienste gefragt sind, hobelt er mit Hilfe eines lasergestützten Systems und dem All Farm Grader, einer etwa 4,20 m breiten Scraper Box mit einem Fassungsvermögen von 9 m³, den Boden ab.

BALDWIN DP 400

- 1982–1984
- Cummins NTA 855A Sechszylindermotor
- 400 PS bei 2100 U/min
- Turbolader
- Twin Disc Powershift 12 x 2 Getriebe
- Höchstgeschwindigkeit 29,9 km/h
- Betriebsgewicht 17,6 t

BIG BUD COUNTRY – HAVRE, MONTANA

Es ist nur recht und billig, dass die Region, wo der meiste Weizen der Vereinigten Staaten produziert wird, gleichzeitig das Land ist, das sich rühmen kann, Heimat und Wiege der größten landwirtschaftlichen Traktoren zu sein: Montana.

Es gab in den 70er und 80er Jahren kaum einen Traktorhersteller, dessen Schlepper 525, 600, 700 oder sogar 900 PS leisteten. Aber in einer Stadt im Nordwesten Montanas, im Herzen der Prärie, in der Weizen und nichts als Weizen zu wachsen scheint, wurden diese Ackergiganten gebaut: Die kleine Stadt namens Havre brachte die großen Big Bud-Traktoren hervor.

Der Staat Montana im Westen der USA ist der nördlichste der Rocky Mountain States. Montana verfügt über eine Fläche von 38 Mio. Hektar zerklüfteter Berge, tiefer Täler und riesiger Ebenen. Nach Alaska, Texas und Kalifornien ist Montana der viertgrößte Flächenstaat der Vereinigten Staaten. Von jeher von den natürlichen Ressourcen abhängig, die in der Landwirtschaft erzeugt werden, ist Montana ein weitläufiges, dünn besiedeltes Land.

Ende des 19. Jahrhunderts wanderten viele Immigranten nach Montana ein; die Bevölkerung wuchs von 39.159 (1880) über 142.924 (1890) auf 243.329 (1900). Im Jahre 1853 hatte das Kriegsministerium der Vereinigten Staaten das Land vermessen, da eine Bahnverbindung vom Pazifik bis zur Ostküste geplant war. Die Fertigstellung der Bahnstrecke beschleunigte das Bevölkerungswachstum. Viele der neuen Einwohner des Landes waren dem lockenden Ruf der Silber- und Kupfervorkommen, des Kohle- und Bleiabbaus und der vielversprechenden Entwicklung der Holzindustrie gefolgt.

Anfang der 1870er Jahre wurden in den Tälern Farmen gegründet, die die im Bergbau beschäftigten Arbeiter und die schnell wachsenden Städte mit Lebensmitteln versorgten. Die Farmer vergrößerten ihre Anbauflächen innerhalb kurzer Zeit und fingen an, Weizen und andere Feldfrüchte sowohl für die Fütterung des Viehs als auch für die wachsende Bevölkerung anzubauen.

Zwei Drittel des Landes im Osten Montanas gehören zu den Great Plains. Auf Montanas fruchtbarem Boden wächst einer der besten Weizen Amerikas. Weizen stellt etwa 40 Prozent des Gesamteinkommens für die Farmer in diesem Staat und 75 Prozent ihres Einkommens aus Feldfrüchten dar. Der größte Teil des erstklassigen Weizens wird auf den Ebenen angebaut, wobei Winterweizen hauptsächlich in dem Gebiet um und nördlich von Great Falls geerntet wird. Einer Gegend, die als „Triangle Area" oder das Goldene Dreieck bekannt ist.

Die Farmer Montanas lernten aus eigener, bitterer Erfahrung, wie wichtig Umweltschutzmaßnahmen sind. Die Dürreperioden der 1930er Jahre bedeuteten den wirtschaftlichen Ruin für Rancher und Farmer. Sie hatten jahrelang zu viel Vieh auf zu wenig Land gehalten und Weiden umgepflügt, die nicht für den Anbau von Feldfrüchten geeignet waren. Seitdem setzen sie Methoden des Bodenschutzes – wie Streifenkultur und Konturpflügen – ein.

Je größer die Präriefarmen wurden, desto stärkere Traktoren wurden für die Feldbearbeitung gebraucht. Mit der Leistung musste zwangsläufig auch das Gewicht der Schlepper steigen, um die zusätzliche Leistung auf den Boden umsetzen zu können. Größere Leistung bedeutete außerdem, dass größere Arbeitsgeräte benutzt werden konnten. Zusammen führte dies zu einer Einsparung an Arbeitskräften und einer Verringerung der Traktorenanzahl auf den Farmen. Die Spirale der Leistungsverbesserung wurde höher und höher geschraubt, bis im besagten Städtchen Havre schließlich mit dem Big Bud 16V-747 der größte landwirtschaftlich genutzte Traktor der Welt gebaut wurde. Seine 900 PS ziehen einen 24 m breiten Grubber und bearbeiten 0,4 ha pro Minute, das sind mehr als 240 ha an einem Zehn-Stunden-Tag.

Die Durchschnittsgröße der 23.100 Farmen in Montana lag Mitte der 90er Jahre bei 1046 Hektar. Anfang der 70er bis Anfang der 90er Jahre wurden zur Saatzeit zwei oder drei Traktoren benutzt: der erste für die Kultivierung, der zweite zum Säen, der dritte Traktor zur mechanischen und chemischen Unkrautbekämpfung. Durch das Direkt-Saat-Verfahren oder den Getreideanbau ohne vorheriges Pflügen wird der zweite Traktor, der das Land vor der Aussaat bearbeitet hatte, nicht mehr benötigt.

Big Bud füllte auf den Prärien eine Marktlücke, da diese Traktoren in der Lage waren, jeden anderen serienmäßig hergestellten Traktor an Arbeitsleistung zu übertreffen. Die Produktion der Big Buds wurde jedoch 1991 endgültig eingestellt.

Hierfür gab es verschiedene Gründe: Erstens wurden die Traktoren der führenden Traktorenhersteller mit der Zeit billiger, zweitens verringerte sich die Nachfrage nach den großen Spezialtraktoren, da andere landwirtschaftliche Methoden angewandt wurden, und drittens: Die Big Buds waren einfach zu gut! Sie waren so gut konstruiert und so zuverlässig, dass sie alle heute noch auf den Farmen eingesetzt werden. Jeder Farmer, der einen Big Bud haben wollte, besitzt inzwischen einen und wird ihn noch viele Jahre lang für alle nötigen Feldarbeiten einsetzen. Eine traurige Erfolgsstory, da der Big Bud langfristig selbst die eigene Marktnische schloss.

BIG BUD HN-350 SERIES 1

Als John Deere 1968 die Wagner-Traktoren WA-14 und WA-17 aufkaufte, stand der Wagner-Vertragshändler für Montana, Willie Hensler, plötzlich auf dem Trockenen. Zusammen mit seinem Vorarbeiter Big Bud Nelson gründete er 1969 die Northern Manufacturing Company, da der Bedarf an Knick-Schleppern groß war.

Die HN-Serie der Big Bud-Traktoren war die erste Serie, die von diesem Team in Havre hergestellt wurde; HN steht wahrscheinlich für Hensler und Nelson, aber auch für die Serie von Cummins-Motoren. Der Name für die Traktoren stammte selbstverständlich von Bud Nelsons Spitznamen.

Der erste Big Bud-Traktor war der 250 PS starke HN 250. Die HN-Traktoren der Serie 1 wurden der Öffentlichkeit 1969 vorgestellt und bis 1978 produziert. Es gab drei HN-Modelle: den 250er, den 350er und den 360er, wobei die Zahl jeweils für die PS stand, die die Cummins-855-Motoren leisteten.

Gezeigt wird hier der HN-350 mit Niederdruck-Reifen mit 1,1 bar. Er zieht einen New Noble 7000 Flügelschar-Grubber von 14,6 m Breite. Die großen Niederdruck-Reifen federn Stöße ab, wenn auf holprigen, unebenen Böden gearbeitet wird. Dadurch wird neben der Bodenschonung das Fahrzeug und besonders der Antriebstrang deutlich weniger belastet.

BIG BUD HN-350 SERIES 1

- 1972–1977
- Cummins Sechszylindermotor
- 350 PS bei 2100 U/min
- Turbolader und Ladeluftkühlung
- Fuller Road Ranger-Getriebe, 12 Vorwärts- und 2 Rückwärtsgänge
- Höchstgeschwindigkeit 26.7 km/h
- Gewicht 18 t

BIG BUD KT-450 SERIES 1

Der Big Bud-Geschäftsführer Ron Harmon entdeckte eine Marktlücke für hochspezialisierte Knicktraktoren mit starken Motoren, die auf den großen Präriefarmen im Nordwesten der USA eingesetzt werden konnten – besonders in Montana. Die KT-Serie war auf Standardkomponenten aufgebaut und konnte daher leicht gewartet und instand gehalten werden: Die Ersatzteile waren bei den meisten führenden Landmaschinen- oder LKW-Händlern erhältlich.

Der KT-450 Serie 1 war der Erste, für den man den Cummins KT 1150 Sechszylindermotor mit Turbolader verwendete. Die stärkere KT-450-Traktorenserie wurde der Öffentlichkeit im Herbst 1975 vorgestellt; die Serienproduktion lief 1976 an. Als der KT-450 herauskam, war er der größte Big Bud – und der größte bis dahin serienmäßig produzierte Traktor überhaupt.

Lyle McKeever baut auf seiner Farm in Montana (648 Hektar) jedes Jahr 324 Hektar Winter- und Sommerweizen an; er benutzt seinen 1976er KT-450 für die Bodenbearbeitung und die Aussaat.

Zum Säen verwendet Lyle eine 14,6 m breite, pneumatische Concord 2400 Sämaschine. Bei einer Geschwindigkeit von knapp unter 10 km/h kann er etwa 14 ha pro Stunde bearbeiten. Er ist ganz zufrieden, wenn er an einem Zehn-Stunden-Tag etwa 120 ha Winterweizen in den Boden gebracht hat.

BIG BUD KT-450 SERIES 1

- 1977–1978
- Cummins-Sechszylindermotor
- 360 PS bei 2100 U/min
- Turbolader mit Ladeluftkühlung
- Fuller-Getriebe, 12 Vorwärts- und 2 Rückwärtsgänge
- Höchstgeschwindigkeit 29,6 km/h
- Betriebsgewicht 21,6 t

BIG BUD HN-360 SERIES 2

Die HN Big Buds der so genannten Serie 2 wurden 1977 vorgestellt und hatten eine neue Kabine und ein neues Design. Das neue Design der „Cruiser Cab“ bot den Fahrern das Modernste an Komfort, einschließlich Klimaanlage und Musik aus der Stereoanlage.

Durch die Kabine „mit klarer Sicht“ und die verjüngte Haube hatte der Fahrer bei seiner Arbeit ein bedeutend besseres Blickfeld. Breitere Kotflügel reduzierten die Staubentwicklung. Der Traktor wurde anders lackiert und erhielt eine neue Beschriftung.

Die HN-Traktoren der Serien 1 und 2 benutzten die gleichen bewährten Komponenten: Cummins-Motoren, Fuller Road-Ranger-Getriebe, Spicer-Gelenkwellen und Caterpillar-Achsen.

BIG BUD HN-360 SERIES 2

- 1977–1978
- Cummins-Sechszylindermotor
- 360 PS bei 2100 U/min
- Turbolader mit Ladeluftkühlung
- Fuller-Getriebe, 12 Vorwärts- und 2 Rückwärtsgänge
- Höchstgeschwindigkeit 29,6 km/h
- Betriebsgewicht 21,6 t

BIG BUD KT-525 SERIES 2

Um der Nachfrage nach größerer Leistung, dem Trend zur Einsparung von Arbeitskräften und der zunehmenden Beliebtheit größerer landwirtschaftlicher Geräte nachzukommen, waren Mitte der 70er Jahre leistungsstärkere Schlepper gefragt. Ron Harmon erhöhte deshalb die Pferdestärken der Traktoren seiner KT-Serie 2 um jeweils beinahe 100 PS! Die Traktoren der KT-Serie brachten es auf eine Leistung von 525 PS und verdienten sich deshalb den Spitznamen „Big Bud Five and a Quarter“. Keiner der damaligen Wettbewerber hatte annähernd so große Modelle zu bieten – die Big Bud-Traktoren hatten ihre Marktnische gefunden.

Ron war der Ansicht, dass ein Handschalt-Getriebe nur für einen Traktor bis etwa 400 PS genüge und dass die Kupplungen nicht stark genug wären. Und tatsächlich traten bei den 450 PS starken Traktoren Kupplungsprobleme zutage. Harmon wechselte also vom Standard- zum Powershift-Getriebe und er plante noch sehr viel stärkere Traktoren: Seine Zielvorstellung lag bei etwa 1000 PS.

BIG BUD KT-525 SERIES 2

- 1977–1978
- Cummins KT 1150 Sechszylindermotor
- 525 PS bei 2100 U/min
- Turbolader und Ladeluftkühlung
- Fuller Road Ranger-Getriebe, 12 Vorwärts- und 2 Rückwärtsgänge
- Höchstgeschwindigkeit 21,4 km/h
- Betriebsgewicht 26,11 t

BIG BUD 320/10 SERIES 3

Der Big Bud 320/10 wurde nur ein Jahr lang produziert; insgesamt wurden im Laufe des Jahres 1979 neun Traktoren gebaut. Mit seinen 320 PS und seinem Fuller Road Ranger Zwölfgang-Getriebe war dieser Traktor ideal für die Durchschnittsfarm der amerikanischen Prärie.

Der 320/10 hatte aber nur sehr wenig Erfolg, da seine Größe und Leistung mit der vieler Wettbewerber vergleichbar war, die sich damals auf dem Markt befanden, zum Beispiel dem Panther aus der Serie III von Steiger und den 900er und 950er Versatile-Traktoren aus der Serie II.

Von allen Big Bud-Traktoren waren die Modelle der Serie 3 am beliebtesten: 273 Exemplare dieser Schlepper mit Motoren zwischen 320 und 650 PS wurden zwischen 1979 und 1981 produziert.

BIG BUD 320/10 SERIES 3

- 1979–1981
- Cummins NTA855 Sechszylindermotor
- 320 PS bei 2100 U/min
- Turbolader und Nachkühlung
- Fuller Road Ranger-Getriebe, 12 Vorwärts- und 2 Rückwärtsgänge
- Geschwindigkeit 21,3 km/h
- Gewicht 18,75 t

BIG BUD 16V-747

Anfang der 70er Jahre bewirtschafteten die Brüder Rossi aus Bakersfield in Kalifornien ihr Land mit einem Big Bud 525 und waren mit ihm sehr zufrieden. Sie waren mit Ron Harmon befreundet, der ihnen erzählte, dass er dabei sei, eine neue Big Bud-Serie zu entwickeln: die so genannte Serie 3. Diese Traktoren sollten mit stärkeren Motoren ausgestattet werden – möglicherweise mit PS-Zahlen zwischen 750 und 1000! Die Brüder Rossi waren sofort daran interessiert, einen dieser neuen Traktoren zu kaufen. Bei der Planung und dem Design des neuen Traktors arbeiteten Harmon und die Brüder Rossi eng zusammen und man einigte sich darauf, dass die Brüder Rossi den Prototyp zur Verfügung gestellt bekommen würden. Harmon und sein Team könnten die Leistung des Traktors bei der Arbeit laufend beobachten und untersuchen. Auf diese Art und Weise bekamen die Brüder Rossi einen Großtraktor für ihre Farm zum Preis von etwa 300.000 $ und Harmon hatte die Möglichkeit, den größten Traktor der Welt testen zu können.
Es war vorgesehen, den Big Bud 16V-747 serienmäßig zu produzieren, aber dazu kam es nie. Es blieb bei dem einen Prototyp. Mitte 1976 begann man mit der Entwicklung dieses Schleppers – die Gebrüder Rossi verbrachten viel Zeit damit zu überlegen, welche Bedürfnisse der neue Traktor erfüllen sollte und welche Anforderungen sie an ihn stellten. Ein Jahr später fing man mit dem Bau des Schleppers an.
Ron Harmon traf sich mit Twin Disc, einem führenden Hersteller von Getrieben. Twin Disc baute Systeme für einige der größten Baumaschinen, hauptsächlich für den Bergbau. Das Unternehmen entwarf nun ein Getriebe, das Full Powershift Twin Disc TD-61-2609 mit sechs Vorwärtsgängen und einem Rückwärtsgang, mit dessen Hilfe sich dieser riesige Schlepper schließlich mit einer Höchstgeschwindigkeit von 32 km/h fortbewegen konnte.

Als Nächstes galt es, einen geeigneten Motor zu finden: Man entschied sich für einen Detroit Diesel-V16-Zylinder. Die Leistung des Motors lag bei schätzungsweise 760 PS und konnte auf über 1000 PS hochgeschraubt werden. In der Modellbezeichnung stand 16V für die Motorbauweise, 747 war eine Annäherung an die geschätzte Stärke des fertigen Traktors – man wählte diese Zahl aber auch in Anlehnung an einen anderen berühmten Riesen jener Tage: die Boeing 747. Der Einbau einer Servolenkung und eines Gasreduzierpedals, das dem Fahrer die Arbeit beim Wenden am Ende des Feldes erleichterte, sowie die Ausstattung der Kabine mit Instrumenten, die den Fahrer vor Problemen mit dem Traktor warnten, waren Details, die dem Big Bud einen Vorsprung vor den Wettbewerbern gaben.

Beim Bau des Traktors ergab sich allerdings ein logistisches Problem: Mehr als 50 Mitarbeiter waren zu unterschiedlichen Zeiten an der Konstruktion und der Montage des 747 beteiligt. Der Traktor war einfach zu groß, um am Fließband gebaut werden zu können. Da es zu schwierig war, ihn zu transportieren, wurde der gesamte Traktor an einem Ort gebaut. Dementsprechend brachte man also die Teile zum Traktor; er wurde im wahrsten Sinne des Wortes „von Grund auf“ gebaut.

Der Traktor verließ die Fabrik an einem Tag im Januar 1978; Schneeflocken begrüßten seinen ersten Ausflug ins Freie. Er wurde nach Kalifornien überführt, wo er auf der Tulare Farm Show präsentiert wurde, einer wichtigen Messe für Landmaschinen, die im Februar jenes Jahres stattfand. Danach brachte man ihn zur Farm der Brüder Rossi in Bakersfield, wo er anderen Farmern und der Fachpresse vorgestellt wurde. Die Skeptiker überzeugte man von der Stärke des neuen Ackergiganten, indem man einen Tiefen-Lockerer mit 15 Zinken anhängte, die der Traktor problemlos bei einer Tiefe von fast 1,20 m hinter sich her zog und dabei 6 ha pro Stunde bearbeitete!

Der Big Bud 16V-747 übertraf alle Erwartungen der Brüder Rossi: Die Felderträge stiegen um bis zu 10 Prozent, man sparte Arbeitskräfte und Maschinenkosten. Getreide konnte nun unter günstigsten Bedingungen ausgesät werden. Jetzt sollte sich dieser Traktor so schnell wie möglich amortisieren. Die Rossis konnten nicht mit Sicherheit sagen, ob dies innerhalb des ersten Jahres der Fall sein würde, aber nach spätestens zwei Jahren hatte sich der Traktor voll bezahlt gemacht.

Mitte der 80er Jahre wechselte der Traktor den Besitzer. Jim Satori von den Willowbrook Farms in Florida erwarb das gute Stück. Er brauchte eine solche Maschine für seinen Gemüse- und Obstanbau. Es benötigt einiges an Geschick und Erfahrung, eine solche Farm erfolgreich zu bewirtschaften. Er kaufte den Big Bud 16V-747 für 100.000 $ und setzte ihn auf seiner Farm bis 1997 erfolgreich für die Bodenlockerung („deep cultivating") ein. Jetzt stand die Pensionierung dieses einmaligen Prototyps bevor. Ron Harmon kaufte jedoch den Traktor zurück und brachte ihn mittels zweier umgebauter Spezialsattelschlepper wieder nach Montana. Der Weg führte nach Havre zu den Williams-Brüdern, den neuen Besitzern.

In Havre angekommen, wurde der 747 von den beiden Brüdern komplett überholt und neu lackiert. Die Originalfarben – Weiß mit schwarzer Motorhaube und schwarzen Auspuffrohren – verschwanden und es entstand ein neuer Look: ein strahlend weißer Traktor mit neuen Aufklebern und viel Chrom. Im Winter 1997/1998, 20 Jahre nach seinem Bau, begann der 747 allmählich, in neuem Glanz zu erstrahlen. Man beschränkte die Neuerungen nicht nur auf das Aussehen, sondern nahm auch einige technische Änderungen vor. Im folgenden Frühjahr stand ein brandneu aussehender Big Bud 16V-747 auf der Farm der Brüder Williams: voll einsatzbereit für die Frühjahrsbestellung.

Die Brüder Williams sind sehr zufrieden mit ihrem Traktor, dem größten landwirtschaftlichen Schlepper der Welt. Sie schaffen jetzt größere Flächen pro Tag und sie brauchen nicht mehr bis spät in die Nacht zu arbeiten, um ihre Arbeit zu erledigen. Mit ihrem 747 und dem anhängenden 24 m breiten Grubber schaffen sie 32 ha pro Stunde. Hierbei kann diese Kombination problemlos zwei dahinter arbeitende Traktoren mit jeweils 18 m breiten Sämaschinen den ganzen Tag beschäftigen!

Die Brüder freuen sich, wenn sie im Laufe eines Zehn-Stunden-Tages in dieser Dreier-Kombination 280–325 ha bearbeiten können. Nicht schlecht für einen Tag Arbeit!

BIG BUD 16V-747

- Produziert von 1977 bis 1978
- Motor: Detroit Diesel 16V92T
- 16 Zylinder in V-Anordnung, 24,14 Liter
- Zwei Turbolader und Nachkühlung
- Mindestleistung 567 kW bei 1900 U/min
- Leistung von mehr als 746 kW möglich
- Geschätzte Leistung zur Zeit etwa 671 kW
- 24 Volt Bordnetzspannung
- Drehmomentwandler: Twin Disc 8FLW-1801
- Getriebe: Twin Disc TD-61-2609 Full Powershift
- 6 Vorwärtsgänge
- 1 Rückwärtsgang
- Höchstgeschwindigkeit 32,6 km/h
- Arbeitsgeschwindigkeit 11–13 km/h

Fassungsvermögen

- 3215 Liter Diesel
- 568 Liter Hydrauliköl

Achsen und Reifen

- Clark-Planetenachsen mit Differenzial mit Schlupfbegrenzung
- 8 Reifen, United 35 x 38 Zwillingsreifen, 2,43 m Durchmesser mit 1 m Breite
- Die Reifen sind Sonderanfertigungen, die nur auf Bestellung gefertigt werden.

Maße

- Radstand	4,95 m
- Höhe: Boden bis Kabinendecke	4,26 m
- Rahmenlänge (einschließlich Zughaken	8,23 m 8,69 m)
- Breite über Kotflügel	4,06 m
- Breite mit Zwillingsbereifung	6,35 m

Gewicht

- Geschätztes Versandgewicht	42,41 t
- Geschätztes Betriebsgewicht	58,03 t

BIG BUD BAFUS BLUE

Die meisten Big Buds wurden in der Standardfarbe Imronweiß mit roten und schwarzen Aufklebern geliefert. Auf Kundenwunsch wurden jedoch einige Exemplare in bestimmten Hausfarben gespritzt. Die berühmtesten dieser Big Bud-Traktoren waren die Bafus Blue Big Buds.

Robert Bafus bewirtschaftete mehr als 1400 ha vorzüglichen Ackerbodens in Adams, Oregon, und baute hauptsächlich Weizen an. Ende der 70er Jahre suchten Robert und seine Frau Freda nach einem neuen und stärkeren Traktor für ihre Farm. Die Raupenfahrzeuge, die sie bis dahin benutzt hatten, waren veraltet und zu langsam geworden. Sie wollten einen Schlepper mit hoher Leistung und großen Rädern, um ihr Land schneller bearbeiten zu können. Die Suche nach einem Traktor, der ihren Anforderungen gerecht werden konnte, erwies sich als recht schwierig. Sie reisten schließlich nach Montana, zur Firma Big Bud Tractors Inc., da sie gehört hatten, dass hier die größten Traktoren hergestellt wurden, die Amerika je gesehen hatte.

Robert Bafus bestellte einen Big Bud 360/30 der Serie 3: Bevor er unterschrieb, bestand er aber darauf, dass der Traktor in seinen Hausfarben geliefert werden sollte. Der Verkäufer, Leo Bitz, sagte dem Farmer diesen Wunsch zu und der Vertrag wurde abgeschlossen.

Robert Bafus kaufte insgesamt fünf Big Buds, die alle in seiner Hausfarbe Aqua Blue lackiert wurden. Die Big Buds machten sich bezahlt und wurden auf der Bafus-Farm allen anderen Traktoren vorgezogen. Verschiedene Landmaschinen und Straßenfahrzeuge und sogar die Gebäude auf dieser Farm erstrahlten übrigens auch in der wenig dezenten Lieblingsfarbe des Besitzers. So etwas gibt es wahrscheinlich nur im Land der unbegrenzten Möglichkeiten.

Bafus bestellte insgesamt drei 360/30er Traktoren aus der Serie 3, einen 525/50er aus derselben Serie und einen 370er der Serie 4, die jeweils in Imronweiß und Aqua Blue gespritzt wurden. Die 360/30er Traktoren wurden auf dieser Farm am meisten benutzt, während der 525/50er und der 370er die Farm schließlich wieder verließen, ohne oft im Einsatz gewesen zu sein.

BIG BUD 500 SERIES 4

Meissner Tractors Inc. baute die neue Serie 4 in Havre, nachdem das Unternehmen verhindert hatte, dass die Big Bud Manufacturing Inc. Konkurs anmelden musste. Man hoffte, dass sich die neuen Big Bud-Modelle der Serie 4 auf dem Markt für Großtraktoren etablieren würden. Leider konnte Meissner Tractors Inc. dem starken Wettbewerbsdruck auf dem Markt für Knicktraktoren mit Vierradantrieb nicht standhalten. Nachdem nur 21 – vorwiegend auf Bestellung gebaute – Schlepper hergestellt worden waren, stellte man 1991 die Produktion ein.

Der hier abgebildete Big Bud war einer von zwei gebauten 500ern und wurde für den Farmer Leo Bitz, einen früheren Big Bud-Verkäufer, angefertigt. Im Jahre 2001, als dieses Foto aufgenommen wurde, war dieser Big Bud auf der Farm noch regelmäßig im Einsatz und Leo erzählte, dass der Traktor problemlos liefe, leicht zu reparieren sei und es großen Spaß mache, ihn zu fahren.

BIG BUD 500 SERIES 4

- 1991
- Komatsu Sechszylindermotor SA6D
- 500 PS bei 2100 U/min
- Turbolader und Nachkühlung
- Fujitech Powershift-Getriebe, 12 Vorwärts- und 2 Rückwärtsgänge
- Höchstgeschwindigkeit 36,2 km/h
- Betriebsgewicht 20,5 t

BUD
"POWER SHIFT"
500

BIMA

Der erste Bima-Traktor kam 1983 auf den Markt – und war mit keinem anderen vierradangetriebenen Knicktraktor zu vergleichen. Der in Frankreich gebaute Schlepper war speziell für die französischen Bedingungen konzipiert worden: Für Feldfrüchte wie Zuckerrüben und Mais mussten mechanische Geräte höchst manövrierbar sein und auch das Pflanzen von Weizen und Gerste erforderte Präzisionsarbeit, da jeder Quadratzentimeter Ackerland kostbar war.

Der Bima-Traktor unterschied sich in einigen wichtigen Einzelheiten von den in Amerika gebauten Großtraktoren mit Vierradantrieb. So befand sich z.B. das Knickgelenk unmittelbar hinter den Vorderrädern. Die Kabine war auf der hinteren Hälfte des Traktors befestigt. Die Fahrerkabine befand sich über dem Knickgelenk hinter den Vorderrädern und der Motor lag unter und hinter der Bedienungsplattform. Hierdurch war das Gewicht des Traktors beinahe gleichmäßig auf Vorder- und Hinterachse verteilt.

Diese Großtraktoren waren sowohl mit Dreipunktaufhängung vorne und hinten als auch mit Front- und Heckzapfwellen ausgestattet. Damit konnten Kombinationen verschiedener Arbeitsgeräte an den Bima-Traktor angebaut und zwei Arbeitsgänge auf einmal erledigt werden, z.B. vorne ein Grubber und hinten eine Sämaschine.

BIMA 360

BIMA 360

- 1988–1992
- Mercedes OM 447 LA Sechszylindermotor
- 360 PS bei 2100 U/min
- Hydrostatische Kraftübertragung, vier mechanische Fahrbereiche
- Höchstgeschwindigkeit 29,9 km/h
- Betriebsgewicht 13,25 t

Dieser Bima 360 wurde mit einem Deutz V8 mit Ladeluftkühler ausgestattet und leistete 450 PS bei 2100 U/min.

BIMA 4400

Der Bima-Traktor war als Multifunktionsmaschine konzipiert. So konnten vorne Feldhäcksler, Kartoffel- oder ein Rübenroder angebaut werden, während die entsprechenden Transportfahrzeuge am Heck angehängt wurden. Da sich die Kabine sehr weit vorne befand, hatte der Fahrer bei der Arbeit ein sehr gutes Blickfeld.

Die Kraftübertragung war für einen landwirtschaftlichen Traktor dieser Größe und Ausstattung zu der Zeit revolutionär. Mit dem hydrostatischen Viergangantrieb war die Geschwindigkeit innerhalb der vier Fahrbereiche stufenlos regelbar. Die Höchstgeschwindigkeit auf der Straße lag bei 29,9 km/h. Der hydrostatische Antrieb bestand aus vier Radnabenölmotoren – einer für jedes Rad –, die unabhängig voneinander arbeiteten.

In den 80er Jahren entstand die 3000er Serie von Bima in kleinen Stückzahlen. Anfang der 90er Jahre wurde die 4000er Serie der Öffentlichkeit vorgestellt. Aber insgesamt liefen nur wenige dieser Traktoren vom Band und die Produktion von Bima-Traktoren endete nur kurze Zeit später.

BIMA 4400

- 1994–1995
- Cummins NTA 855 A Sechszylindermotor
- 400 PS bei 2100 U/min
- Turbolader und Ladeluftkühlung
- Hydrostatische Kraftübertragung, vier mechanische Fahrbereiche
- Geschwindigkeit 29,9 km/h
- Gewicht 14,75 t

BÜHLER VERSATILE 2425

Im Jahre 1999 fusionierten New Holland und Case-IH und wurden unter dem neuen Namen CNH Global zu einem führenden Unternehmen auf dem Weltmarkt für Landmaschinen. Der Landmaschinenriese wurde mit einem Schlag so groß, dass verschiedene Kartellämter CNH auferlegten, sich von einigen ihrer Unternehmensbereiche zu trennen. Verkauft werden sollten z.B. die Case-IH-Fertigungsanlagen in Doncaster (GB), in der zwei- und allradangetriebene Traktoren gebaut wurden. Von der Niederlassung in Winnipeg, Kanada, in der die Knickschlepper von New Holland Versatile gebaut wurden, sollte sich das Großunternehmen ebenfalls trennen.

Bühler Industries Inc. kaufte die Versatile-Fabrik in Winnipeg und nahm Ende 2000 die Traktorenproduktion auf. Anfangs stellte Bühler die Traktoren weiterhin in den blauen New Holland-Farben her. Der Name Versatile und die bekannten Versatile-Flügel waren ebenfalls weiterhin auf der Haube deutlich sichtbar. Im Frühjahr 2002 wurden dann die rot-gelben Bühler Versatile-Traktoren vorgestellt: Es gab fünf Modelle, die zwischen 240 und 425 PS hatten – der 2425er war der größte diese Serie.

Das Geschäft lief für Bühler Industries Inc. nur langsam an. Erst nachdem sie ein Netzwerk von Händlern über ganz Amerika aufgebaut hatten, zeigten Kunden wachsendes Interesse an den neuen Bühler Versatile-Traktoren. Dank John Bühler wird der berühmte Versatile-Traktor also noch nicht in der Versenkung verschwinden.

BÜHLER VERSATILE 2425

- Seit 2001
- Cummins N14 Sechszylindermotor
- 425 PS bei 2100 U/min
- Turbolader und Nachkühlung
- 12 x 4 Quadshift III-Getriebe
- Höchstgeschwindigkeit 25,7 km/h
- Betriebsgewicht 18,02 t

versatile 2

CASE 1200 TRACTION KING

Als der Case 1200 Traction King 1964 vorgestellt wurde, war er mit einer Technik ausgestattet, die bisher noch bei keinem Case-Traktor eingesetzt worden war: der Vierradlenkung. Die Vorderachse wurde herkömmlich hydraulisch gelenkt, die komplett unabhängige Hinterachse konnte separat durch einen Hebel per Hand oder mit einem Fußpedal zugeschaltet werden. Der Fahrer hatte die Wahl zwischen Vorderrad-, Hinterrad- und kombinierter Lenkung oder Hundegang.

Durch die gelenkte Hinterachse konnte dieser Traktor einen kleineren Wendekreis bieten als ein herkömmlicher Traktor mit Vorderradantrieb: Ein minimaler Wenderadius von knapp über 5 m war möglich. Der Hundegang hatte zwei Vorteile: Der Traktor konnte ohne Abrutschen am Hang fahren und außerdem reduzierte sich die Bodenverdichtung. Der Case 1200 war der erste vierradangetriebene Traktor mit starrem Rahmen der Landmaschinenbranche, der eine Vierradlenkung anbot: Sobald der Bedienungshebel für die Hinterachse auf „kombiniert“ gestellt war, wurden Vorder- und Hinterachse vom Lenkrad gesteuert.

Der Antrieb auf vier gleich große Rädern bedeutete eine beinahe hundertprozentig gleichmäßige Verteilung der Antriebskraft auf Vorder- und Hinterachse, wodurch Schlupf und Bodenverdichtung vermindert wurden. Als der 1200er gebaut wurde, gab es noch nicht viele Geräte,

die von einem solch leistungsfähigen Traktor gezogen werden konnten. John Deeres 215 PS starker 8010er stand vor demselben Problem. Das JI Case-Team beschloss, den Traktor mit einer Dreipunktaufhängung auszustatten, mit der gängige Geräte gezogen werden konnten. Gleichzeitig sollte sie aber auch in der Lage sein, mit größeren Neuentwicklungen der nächsten Jahre arbeiten zu können.

Der 1200er war der erste Versuch von JI Case, einen Traktor mit hoher PS-Zahl zu entwickeln. Gleichzeitig war er der erste Case-Schlepper mit Turbolader. Der Erfolg dieser Entwicklung war überwältigend. Innerhalb der vier Jahre, in denen der Case 1200 Traction King produziert wurde, liefen 1549 Traktoren dieses Modells vom Band und viele dieser Großtraktoren der ersten Generation leisten ihren Herren auch 40 Jahre später noch treue Dienste.

CASE 1200 TRACTION KING

- 1964–1968
- Case 451 Sechszylindermotor
- 120 PS bei 2000 U/min
- Turbolader
- Synchrongetriebe, 8 Vorwärts- und 4 Rückwärtsgänge
- Höchstgeschwindigkeit 22,4 km/h
- Betriebsgewicht 6,9 t

CASE 2470

Im Jahre 1972 kaufte JI Case die Firma David Brown Tractors, die ihren Sitz in Meltham, England, hatte. Durch den Kauf dieses Unternehmens erhielt JI Case Zugang zu einem weltweiten Händlernetzwerk. Bis dahin hatte JI Case nämlich hauptsächlich landwirtschaftliche Traktoren für den Binnenmarkt hergestellt, doch von nun an konnte das Unternehmen seine Produkte in alle Welt exportieren. Anfangs behielten die David Brown-Traktoren ihre Firmenfarben Weiß und Schokoladenbraun, während die JI Case-Schlepper weiterhin bei ihrer Farbzusammenstellung „Sonnenuntergang in der Wüste" blieben. Im Jahre 1974 beschloss JI Case, dass es für die Corporate Identity am besten wäre, die Firmenfarben David Browns mit denen von JI Case zu verbinden: Das Endresultat war der neue Look der Case Serie 70. Das Weiß von David Brown benutzte man für alle

CASE 2470

- 1974–1978
- Case mit 8260 cm³ Sechszylindermotor
- 213 PS bei 2200 U/min
- Turbolader
- Teillastschaltgetriebe, 12 Vorwärts- und 3 Rückwärtsgänge
- Höchstgeschwindigkeit 24,1 km/h
- Betriebsgewicht 9,14 t

Blechteile, während die Achsen, der Motorblock, der Rahmen und die Felgen im kräftigen Rot von JI Case lackiert wurden. Die Zeitspanne, in der diese Farbzusammenstellung benutzt wurde, nannte man später die „White Power Red“-Ära.
Die Traktoren der Case Serie 70 wurden serienmäßig mit kombinierter Vierradlenkung, der Vorderradlenkung, der Allradlenkung und dem Hundegang geliefert. Die Case 90er Serie in Orange und Weiß mit starrem Rahmen, die mit Vierradantrieb und Vierradlenkung ausgestattet war, wurde 1980 eingeführt. Es kamen drei überarbeitete Modelle, die die Traktoren 2470, 2670 und 2870 ersetzten. Die Anzahl der PS blieb unverändert und rein visuell fielen das neue Styling der Haube und des Kühlers ins Auge. Elektronische Sensoren und Mikroelektronik an den Rädern sorgten dafür, dass die vier Lenkmodi auf Knopfdruck aktiviert werden konnten.

CASE IH 9170

Tenneco, die Muttergesellschaft von Case IH, erwarb 1987 die Steiger Tractor Company mit Sitz in Fargo, North Dakota. Steiger stand wegen stark rückgängiger Traktorverkaufszahlen und einem rückläufigen Agrarmarkt kurz vor dem Bankrott. Durch den Kauf der Steiger-Fabrik und einen Traktornamen, der weltweit für Qualität stand, war Case IH sofort in der Lage, große Knicktraktoren zu bauen und zu vermarkten. Im Jahre 1994 verkaufte Tenneco große Teile der Case-IH Aktien und zog sich aus dem Unternehmen zurück. Zwei Jahre später übernimmt Case-IH die österreichische Steyr Landmaschinentechnik GmbH, bevor es 1999 zur Fusion mit der zum Fiat-Konzern gehörenden Firma New Holland BV kommt. Die neue Allianz firmiert seitdem unter dem Namen Case New Holland (CNH) Global N.V. mit Sitz in Amsterdam (Niederlande), produziert aber weiterhin unter jeweils eigenen Markenzeichen.

CASE IH 9170

- 1987–1989
- Cummins NTA-855 Sechszylindermotor
- 335 PS bei 2100 U/min
- Turbolader und Ladeluftkühlung
- Volllastschaltung, 12 Vorwärts- und 2 Rückwärtsgänge
- Höchstgeschwindigkeit 27,8 km/h
- Versandgewicht 15,16 t

CASE IH 9180

Steigers Modelle in ihrer vertrauten grünen Firmenfarbe verfügten in der 1000er Serie über 190 bis 400 PS, außerdem gab es den 525 PS starken Tiger der Serie IV. Case IH benutzte die Serie 1000 als Basis für ihre Knickschlepper. Das umfangreiche Angebot Steigers wurde jedoch auf nur sechs, von 200 bis 525 PS starke Modelle heruntergeschraubt. Dem Tiger gab man die neue Bezeichnung Case IH 9190. Es wurden nur sehr wenige 9190 produziert; am erfolgreichsten waren die leistungsstarken Modelle 9170 mit 335 PS und der 9180 mit 375 PS. Beim 9170 handelte es sich um den berühmten Steiger Panther, der unter den grünen Steiger-Traktoren der Beliebteste gewesen war.

Als Case IH die Serie 9100 auf den Markt brachte, ließ man den Namen Steiger fallen. Das stellte sich später als großer Fehler heraus. Trotz der Namensänderung befand sich Case IH Ende der 1980er Jahre unter den wichtigsten Konkurrenten im Markt für Knicklenker und konnte einen Erfolg nach dem anderen feiern. 1990 brachte das Unternehmen schließlich die Serie 9200 auf den Markt, die sich zum Erfolgsschlager entwickelte.

CASE IH 9180

- 1987–1990
- Cummins NTA-855 Sechszylindermotor
- 375 PS bei 2100 U/min
- Turbolader und Ladeluftkühlung
- Volllastschaltung, 12 Vorwärts- und 2 Rückwärtsgänge
- Höchstgeschwindigkeit 27,8 km/h
- Versandgewicht 15,87 t

CASE IH 9270

Die Serie 9200 war die zweite Reihe großer Knickschlepper von Case IH. Es gab fünf Modelle in der Reihe; die Motorenleistung lag zwischen 200 PS und 375 PS. Der 9280er war mit seinen 375 PS das größte Modell der Serie und hatte einen Cummins NTA-855 Sechszylindermotor mit Turbolader und Nachkühlung.
Als Case IH im Jahre 1987 die Firma Steiger und ihre Fabrik kaufte, verschwand der Schriftzug Steiger von den neuen roten Traktoren. Der Name dieses bekannten Unternehmens war aber so beliebt und besaß weltweit einen so hohen Bekanntheitsgrad, dass auf Druck der Öffentlichkeit ab Ende 1995 – gegen Ende der Zeit, in der die 9200er Serie produziert wurde – der Name Steiger wieder auf den Schleppern zu finden war.
Die roten Knicktraktoren wurden von Case IH in der alten Steigerfabrik in Fargo im Bundesstaat North Dakota gebaut. Die erfolgreichen Traktoren der 9200er Serie wurden in die ganze Welt verkauft und machten Case zum Marktführer in diesem Segment.

CASE IH 9270

- 1990–1995
- Cummins NTA 855 Sechszylindermotor
- 335 PS bei 2100 U/min
- Turbolader und Nachkühlung
- Elektronisch gesteuertes Powershift-Getriebe, 12 Vorwärts- und 3 Rückwärtsgänge
- Höchstgeschwindigkeit 27,8 km/h
- Betriebsgewicht 15,2 t

CASE IH 9280

Diese Serie zeichnete sich durch ein einzigartiges Getriebe aus, dem Case IH den Namen „Skip Shift" gab. Es sollte die Bedienung des Traktors bei Fahrten auf öffentlichen Straßen und bei leichteren Feldarbeiten vereinfachen. Mit Hilfe dieses Getriebes konnte der Fahrer innerhalb von drei Sekunden vom ersten über den vierten und den sechsten in den achten Gang schalten. Außerdem besaß dieses Getriebe einen dritten Rückwärtsgang, sodass beim Rückwärtsfahren eine Geschwindigkeit von fast 13 km/h möglich wurde.

CASE IH 9280

- 1990–1995
- Cummins NTA 855 Sechszylindermotor
- 375 PS bei 2100 U/min
- Turbolader und Nachkühlung
- Elektronisches Powershift-Getriebe, 12 Vorwärts- und 3 Rückwärtsgänge
- Höchstgeschwindigkeit 27,8 km/h
- Betriebsgewicht 15,9 t

CASE IH 9350

Als Case IH 1995 die neue 9300er Serie wieder mit dem Namen Steiger vorstellte, waren die Traktoren dieser Reihe die größten und leistungsstärksten Knickschlepper der Branche. Es gab elf verschiedene Modelle in dieser Serie, deren Leistung zwischen 205 PS und 425 PS lag. Die drei kleineren Traktoren waren als Standardausführung oder für die „Row Crop"-Ausführung erhältlich, während die drei größeren Modelle nur in Standardausfuhrung angeboten wurden. Außerdem wurden zwei Quadtrac-Modelle mit Gummiband-Laufwerken gefertigt.

CASE IH 9350

- 1995–2000
- Cummins M11-A310 Sechszylindermotor
- 310 PS bei 2100 U/min
- Turbolader
- Elektronisch gesteuertes Powershift-Getriebe, 12 Vorwärts- und 3 Rückwärtsgänge
- Höchstgeschwindigkeit 28,5 km/h
- Betriebsgewicht 15,2 t

CASE IH 9380

Der Row Crop Special – RSC – hatte außerdem den Vorteil, dass er nicht nur ein Knickgelenk, sondern zusätzlich eine lenkbare Vorderachse mit einem Lenkwinkel von 18° für präzisere Arbeit bei Reihenkulturen besaß.

CASE IH 9380

- 1995–2000
- Cummins Sechszylindermotor N14-A400
- 400 PS bei 2.100 U/min
- Turbolader
- Full Powershift-Getriebe, 12 Vorwärts- und 3 Rückwärtsgänge
- Höchstgeschwindigkeit 27,8 km/h
- Betriebsgewicht 19,6 t

CASE IH 9390

Das größte Modell, der 9390er mit seinen 425 PS, wog fast 20 t. Wenn die Dreifachbereifung aufgezogen war, übte dieser leistungsstarke Traktor trotzdem nur einen Bodendruck von weniger als 0,35 bar aus.

CASE IH 9390

- 1997–2000
- Cummins Sechszylindermotor N14-A400
- 425 PS bei 2100 U/min
- Turbolader und Ladeluftkühler
- Elektronisch gesteuertes Powershift-Getriebe, 12 Vorwärts- und 3 Rückwärtsgänge
- Höchstgeschwindigkeit 28,5 km/h
- Betriebsgewicht 19,6 t

9390
CASE
STEIGER

STEIGER

CASE IH QUADTRAC 9370

Während der 90er Jahre machte die Gummiraupentechnik große Fortschritte. Case IH hatte schon mehrere Jahre lang an diesem System gearbeitet und stellte schließlich 1997 seinen inzwischen weltbekannten Quadtrac der Öffentlichkeit vor.
Der erste Quadtrac war der 9370er mit 360 PS. Ein Jahr später kam der Quadtrac 9380 heraus, der sogar 400 PS unter der Haube hatte. Der mit Gummiketten an vier Raupenlaufwerken ausgestattete Traktor war ideal für die Arbeit auf weichen Böden, da er mit optimaler Kraftübertragung und fast ohne Schlupf arbeitete. Damit konnte die Bodenverdichtung sehr gering gehalten werden. Diese Riesen, die 20 t oder mehr wogen, übten einen Bodendruck bis zu 0,35 bar aus. Mit der fast 15 m breiten pneumatischen Concord-Drillmaschine, die der Quadtrac mit 9,7 km/h hinter sich herzieht, kann diese Kombination ca. 14,5 ha Weizen pro Stunde säen.

CASE IH QUADTRAC 9370

- 1997–2000
- Cummins N14-A360 Sechszylindermotor
- 360 PS bei 2100 U/min
- 12-Gang Synchron-Getriebe, 3 Rückwärtsgänge
- Höchstgeschwindigkeit 30,1 km/h
- Betriebsgewicht 19,53 t

CASE IH QUADTRAC 9380

Als zweites Quadtrac-Modell kam im September 1998 der 9380er auf den Markt. Er war mit dem 9370er bis auf einen Unterschied identisch: Die Motorleistung war auf 400 PS hochgeschraubt worden.
Auf diesem Bild zieht ein Case IH Quadtrac 9380 ein 15 m breites Spezialgerät für die Minimalbodenbearbeitung, das immer nur eine Reihe schmaler Streifen für die Saat vorbereitet. Auf diese Weise wird nur der Streifen gegrubbert, in den direkt gesät wird. Der Vorteil: Mehr Feuchtigkeit verbleibt im Boden und die Erosion wird verringert.
Die Besitzer der Maschine, die Brüder Dawson aus Hawkinsville, besitzen eine der größten Farmen in Georgia: Auf mehr als 800 Hektar bauen sie hauptsächlich Erdnüsse und Mais an.
Der Quadtrac ist mit vier Gummiband-Laufwerken ausgestattet. In Kombination mit der Knicklenkung verfügt der Quadtrac daher über eine optimale Kraftübertragung und Bodenanpassung, und das bei minimalem Schlupf.
Jede Gummiraupen-Kette ist fast 6 m lang und 76 cm breit: Der Traktor hat somit über alle Ketten einen Bodenkontakt von 5,20 m^2 und der Bodendruck liegt bei erstaunlich niedrigen 0,35 bar.

CASE IH QUADTRAC 9380

- 1998–2000
- Cummins N14-A360 Sechszylindermotor
- 400 PS bei 2100 U/min
- 12-Gang Synchron-Getriebe, 3 Rückwärtsgänge
- Höchstgeschwindigkeit 30,1 km/h
- Betriebsgewicht 19,53 t

CASE IH STX 375

CASE IH STX 375

- Seit 2000
- Cummins QSX15 Sechszylindermotor
- 375 PS bei 2000 U/min
- Turbolader und Ladeluftkühlung
- 16-Gang Full Powershift-Getriebe
- Höchstgeschwindigkeit 37,0 km/h
- Betriebsgewicht 20,14 t

CASE IH QUADTRAC STX 375

CASE IH QUADTRAC STX 375

- Seit 2000
- Cummins QSX15 Sechszylindermotor
- 375 PS bei 2000 U/min
- Turbolader und Ladeluftkühlung
- 16-Gang Full Powershift-Getriebe
- Höchstgeschwindigkeit 37,0 km/h
- Betriebsgewicht 24,16 t

Ein Case IH Quadtrac STX 375, mit Spritzmittelbehälter ausgestattet, bereitet mit Hilfe eines 14,6 m breiten Grubbers von Krause den Boden für die Aussaat von Erbsen vor.

CASE IH QUADTRAC STX 440

Da die ersten Quadtracs sehr erfolgreich waren, stellte Case IH im Jahre 2000 die Case IH STX-Serie vor. Der Case Steiger STX 440 mit seinen 440 PS verfügt über modernste Elektronik und einen Motor mit 40 PS Überleistung. Das elektronisch geschaltete 16-Gang Powershift-Getriebe kann auf Knopfdruck bedient werden. Als der STX 440 mit seinen 440 PS im Jahre 2000 der Öffentlichkeit vorgestellt wurde, war er weltweit der leistungsstärkste Schlepper, der in jenem Jahr produziert wurde.

CASE IH QUADTRAC STX 440

- Seit 2000
- Cummins QSX15 Sechszylindermotor
- 440 PS bei 2000 U/min
- Turbolader mit Ladeluftkühlung und elektronischer Kraftstoffeinspritzung
- 16-Gang Powershift-Getriebe
- Höchstgeschwindigkeit 37 km/h
- Betriebsgewicht 24 t

CASE IH QUADTRAC STX 450

Der STX 450 war ein zusätzliches Modell in der mit Rädern oder Gummiraupen ausgestatteten STX-Serie. Er ersetzte im Jahre 2002 den STX 440. Der STX 450 wurde in vier Varianten geliefert: Standardtraktor mit Rädern, HD-Version für hohe Beanspruchung, wie zum Beispiel in der Bauindustrie, STX Quadtrac 450 mit Gummiband-Laufwerken für die Landwirtschaft und in der HD-Ausführung für schwere Beanspruchung.

CASE IH QUADTRAC STX 450

- Seit 2002
- Cummins QSZ15 Sechszylindermotor
- 450 PS bei 2000 U/min
- Turbolader und Ladeluftkühlung
- 16-Gang Volllastschaltung
- Höchstgeschwindigkeit 37 km/h
- Betriebsgewicht 23,57 t

FORD VERSATILE 846 DESIGNATION 6

Im Februar 1987 ließ New Holland verlauten, dass sie kurz vor dem Kauf der kanadischen Versatile Farm Equipment Company stünde, die seit 20 Jahren in der Clarence Avenue in Winnipeg Traktoren herstellte. Aber Versatile war nicht irgendeine Firma: Es gab eine Zeit, in der die Produktion von Versatile-Traktoren bedeutend höher lag als die aller anderen Knickschleppermodelle zusammen. Versatile-Traktoren leisteten in mehr Ländern der Erde Dienste als jede andere Marke. Auch heute noch ist Versatile nach Steiger zumindest der zweitbeliebteste Name in diesem Marktsegment.

Das berühmte Rot und Gelb, für das der Versatile-Traktor bekannt war, wurde Ende 1988 von der Firmenfarbe Fords verdrängt. Die neuen blauen Schlepper waren den früheren Modellen von Versatile sehr ähnlich – die größten Unterschiede bestanden in Änderung der

Firmenfarbe und im ovalen Ford-Zeichen am Kühler, das die Versatile-Flügel ersetzte.

Versatile-Traktoren waren leichter als viele der Konkurrenzprodukte. Ein leichterer Schlepper bedeutete bei vielen Feldarbeiten weniger Bodenverdichtung und größere Kraftstoffeinsparungen. Für schwere Kultivierungsarbeiten konnten problemlos Gewichte vorne und hinten angebracht werden.

Power hopping, also das Aufschaukeln des Schleppers unter Last, war ein Problem, mit dem viele Versatile-Traktoren zu kämpfen hatten. New Holland als Mutterunternehmen war sich dieses Problems bewusst und berücksichtigte dies bei der Entwicklung seiner neuen Traktorreihe: Als der Radstand optimiert und der Traktor mit ausreichend Gewicht ausgestattet war, war das Problem schnell gelöst.

FORD VERSATILE 846 DESIGNATION 6

- 1988–1993
- Cummins LT10-A230 Sechszylindermotor
- 230 PS bei 2100 U/min
- Turbolader
- 12/4-Synchrongetriebe
- Auf Wunsch 15/5
- Geschwindigkeit 25,4 km/h
- Gewicht 10,7 t

FORD VERSATILE 876 DESIGNATION 6

Die rot-gelb-schwarzen Knicktraktoren der Versatile-Serie Designation 6 wurden 1985 auf den amerikanischen und kanadischen Markt gebracht. Die sechs Modelle, die zwischen 210 und 360 PS hatten, waren intensiv überarbeitet worden. Sie wurden in Winnipeg gefertigt, wo Versatile seit 1967 seine Traktoren herstellte. Die Reihe Designation 6 sollte die letzte sein, die in den alten Firmenfarben vom Band lief.

Im Februar 1987 gab Ford New Holland die Absicht bekannt, die Versatile Farm Equipment Company inklusive der Knickschlepper-Produktion zu kaufen.

Die Fertigung von Versatile-Traktoren war jedoch schon fast zwölf Monate vor diesem Termin eingestellt worden, da die Nachfrage nach landwirtschaftlichen Traktoren stark nachgelassen hatte. John Deere wollte das kanadische Unternehmen ebenfalls kaufen, aber der Zusammenschluss wurde abgelehnt.

Nach der Übernahme durch Ford New Holland wurde die Traktorenproduktion im Sommer 1987 wieder aufgenommen. Während der folgenden Monate wurden nur wenige Schlepper gebaut, die zwar weiterhin die rot-gelben Firmenfarben Versatiles trugen, aber zusätzlich ein ovales Ford-Zeichen am Kühlergrill aufwiesen.

Im Jahre 1989 wurden die blauen Ford Versatile-Traktoren Designation 6 eingeführt. Die neuen Traktoren waren praktisch baugleich mit der alten Versatile-Serie Designation 6 – es wurden lediglich geringfügige kosmetische Veränderungen vorgenommen.

Die Kennzeichnung der Modelle wurde leicht verändert, um die erhöhte Motorleistung widerzuspiegeln. Am 876 der Mittelklasse wurde nichts verändert: Er hatte einen zehn Liter großen Sechszylinder-Cummins-Reihendiesel mit Turboaufladung und Nachkühlung bei einer Nennleistung von 280 PS. Zur Standardausstattung gehörte ein 12/4-Synchrongetriebe, auf Wunsch wurde der Traktor mit einem 12/2-Powershift-Getriebe geliefert.

Um den Anforderungen des europäischen Marktes gerecht zu werden, war der 876 serienmäßig mit einer Zapfwelle mit 1000 U/min, einer Dreipunktaufhängung der Kategorie III, Frontgewichten, einer Ausgleichssperre und Annehmlichkeiten in der Kabine ausgestattet.

Die in Kanada produzierten blauen Knickschlepper der Reihe Designation 6 ersetzten nun auf dem europäischen Markt die für Ford von Steiger hergestellten FW-30 und FW-60.

Die Produktion der Traktoren der Reihe Designation 6 wurde 1993 eingestellt und 1994 durch einen komplett neuen Ford Versatile 80 ersetzt.

FORD VERSATILE 876 DESIGNATION 6

- 1988–1993
- Cummins LTA-10-A280 Sechszylinder-Reihenmotor
- 280 PS bei 2100 U/min
- Turbolader und Nachkühlung
- Transmission 12 x 4 Synchrongetriebe
- Höchstgeschwindigkeit vorwärts 23,8 km/h
- Betriebsgewicht 12,5 t

FORD FW-30

Ford stellte 1977 seine erste Reihe Knickschlepper vor. Zu dieser Serie gehörten vier Modelle: der 210 PS starke FW-20, der FW-30 mit 265 PS, der 295 PS starke FW-40 und der FW-60 mit 335 PS. Da Ford selbst nicht über die geeigneten Fabrikanlagen verfügte, gab das Unternehmen seine Traktoren bei Steiger in Fargo, North Dakota, in Auftrag.

Das Design lehnte sich fast vollständig an die Steiger Panther der Serie III an und die später gebauten Ford FW-60 folgten im Wesentlichen dem Design der Steiger Panther der Serie IV. Abgesehen von der Lackierung in den Firmenfarben Fords – Blau und Weiß – waren die Ford-Modelle mit den Steiger-Modellen praktisch baugleich. Die Steiger Panther-Traktoren waren allerdings mit Caterpillar Sechszylinder-Reihenmotoren und Caterpillar V8-Motoren ausgestattet, während die Ford FW-Reihe Cummins V8-Motoren hatte.

Die von Steiger gebauten, blauen Ford FW-Modelle erfreuten sich in Amerika und Kanada nie so großer Beliebtheit, wie die grünen Steiger Panther. In Europa und besonders in Großbritannien erwiesen sich die FW-30 und die FW-60 jedoch als sehr erfolgreich.

Die Produktion des Ford FW-30 wurde 1982 eingestellt und Ford hatte die nächsten Jahre keinen großen Knicklenker mehr in seinem Angebot. Erst 1988 – mit den Ford Versatile-Traktoren Designation 6 – wurde diese Lücke geschlossen.

FORD FW-30

- 1977–1982
- Cummins V-903 V8
- 265 PS bei 2600 U/min
- Synchrongetriebe, 20 Vorwärts- und 4 Rückwärtsgänge
- Höchstgeschwindigkeit 35,4 km/h
- Betriebsgewicht 14,3 t

FORD VERSATILE 9480

Zu der 1994 neu vorgestellten Reihe von Ford Versatile-Traktoren gehörten vier verschiedene Modelle, deren Motoren zwischen 250 und 400 PS leisteten. Ford hatte seine Knickschlepper überarbeitet, um sie leistungsstärker zu machen: Neben dem 12/2-Powershift-Getriebe wurde das neue „Quadra Sync“-Getriebe angeboten. Dieses hatte vier synchronisierte Gänge in jeder der drei Gruppen zu bieten, wodurch der Traktor über zwölf Vorwärtsgänge verfügte.

FORD VERSATILE 9480

- 1994–1997
- Cummins NTA-855A Sechszylindermotor
- 300 PS bei 2100 U/min
- Turbolader und Nachkühlung
- Elektronisch gesteuertes Powershift Getriebe 12/2
- Höchstgeschwindigkeit 25,7 km/h
- Betriebsgewicht 13,5 t

FORD VERSATILE 9880

Außerdem wurde die Fahrerkabine modernisiert und im Stil insgesamt dem der kleineren Ford-Traktoren angepasst, sodass die gesamte Produktpalette ein einheitliches Aussehen erhielt. Die moderne Kabine bot dem Fahrer neben der hervorragenden Rundumsicht auch noch ausreichend Platz und zusätzlichen Komfort.

FORD VERSATILE 9880

- 1994–1997
- Cummins NTA-855A Sechszylindermotor
- 400 PS bei 2100 U/min
- Turbolader und Nachkühlung
- Synchrongetriebe 12/4
- Höchstgeschwindigkeit 25,7 km/h
- Betriebsgewicht 18,1 t

GREYTAK CUSTOMS

Jim Greytak besitzt eine 1200 Hektar große Farm in Simpson County. In den langen Wintermonaten Montanas, in denen Jim nicht hinaus kann, um das Land zu bearbeiten, findet man ihn in seiner Werkstatt. Jim hat sich im Laufe der Zeit die Kenntnisse eines Mechanikers selbst angeeignet und verbringt seine ganze freie Zeit damit, alte Traktoren für den landwirtschaftlichen Einsatz umzubauen oder neue zu konstruieren.

Im Jahre 1974 baute Jim einen 160 PS starken Knickschlepper Wagner TR-14 um. Er setzte einen neuen Cummins-Motor ein, erhöhte damit die Leistung auf 220 PS, nahm ein überholtes Fuller Road Ranger-Getriebe und ersetzte damit das defekte Fuller-Getriebe. Jim änderte das Aussehen der Karosserie komplett und lackierte den Schlepper grün. Das Ergebnis war ein Traktor, der dem Original von Wagner kaum mehr ähnelte. Jim nannte den Traktor CW-14, eine Abkürzung für Custom Wagner (Wagner Sonderbau).

Im Herbst 1983 kaufte Jim einen Michigan M mit Knicklenkung aus Lagerbeständen des Militärs und brachte ihn in seine Werkstatt. Hier baute er einen Cummins KT 1150 Sechszylindermotor mit Turbolader und ein Fuller 13-Gang-Getriebe ein. Das Fahrzeug hatte Clark-Achsen und damit legte er den Grundstein für einen neuen Traktor. Jim formte aus Karosserieblech eine Kabine, die optisch dem Big Bud-Design sehr nahe kam.

Im April 1984, sechs Monate und 1100 Arbeitsstunden später, verließ der 22,32 t schwere, 450 PS starke Traktor Marke Eigenbau die Werkstatt. Dieser Schlepper kann Geräte ziehen, die bis zu 18 m breit sind, und mit einer Geschwindigkeit von fast 10 km/h 16–18 ha pro Stunde bearbeiten.

CUSTOM

CUSTOM

FIAT VERSATILE 44-28

Seit Mitte der 70er Jahre war Fiat daran interessiert, einen eigenen Knicktraktor zu entwickeln und zu bauen. Kosten- und Zeitaufwand für ein solches Projekt stellten jedoch für den größten europäischen Hersteller von vierradangetriebenen Traktoren eine Herausforderung dar.

Im Juli 1979 schlossen Versatile und Fiat darum ein Marketingabkommen: Fiat verpflichtete sich, in ganz Europa Traktoren von Versatile zu verkaufen, und konnte so sein eigenes Angebot erweitern. Fiat bekam dadurch die Möglichkeit, eine große Bandbreite von 30 bis 350 PS in seinen eigenen Firmenfarben zu vermarkten.

Versatiles größter Traktor, der 1150er mit seinen 470 PS, wurde zwar nach Europa eingeführt, aber die Nachfrage nach diesem Modell war nicht groß genug, um ihn als Fiat Versatile zu verkaufen.

Die Firma Versatile erhielt durch dieses Abkommen die viel versprechende Möglichkeit, ihre Schlepper in mindestens 75 zusätzlichen Ländern zu verkaufen.

Das Design der Fiat Versatile-Traktoren war hauptsächlich den Bedingungen des europäischen Marktes angepasst. Es gab vier Modelle in dieser Reihe, deren Leistung zwischen 230 und 350 PS lag. Abgesehen von der Farbe und einigen optischen und technischen Details waren die vier für Europa hergestellten Typen mit ihren kanadischen Gegenstücken identisch. Motoren, Getriebe, Achsen und Karosserie stimmten mit denen der zwischen 1978 und 1984 in Kanada gebauten Versatile-Traktoren der Labour Force Serie überein.

FIAT VERSATILE 44-28

- 1979–1982
- Cummins NT-855 Sechszylindermotor
- 280 PS bei 2100 U/min
- Turbolader
- Synchrongetriebe, 12 Vorwärts- und 4 Rückwärtsgänge
- Höchstgeschwindigkeit 23,0 km/h
- Betriebsgewicht 13,16 t

INTERNATIONAL HARVESTER 4386

Schon seit 1961 entwickelte und baute die International Harvester Company eine Reihe von Traktoren, die sich durch ihre hohe Leistung auszeichneten. Zu den ersten dieser Großtraktoren gehörte der 4300er mit seinen 300 PS, von dem gesagt wurde, dass er zu groß und seiner Zeit voraus sei. Während der folgenden Jahre perfektionierte IH seine großen Traktoren und stellte 1965 den 4100er vor, der 116 PS am Zughaken sein eigen nannte. Das Einzigartige an diesem Traktor war die Lenkbarkeit beider Achsen: Die IH-Strategen bezeichneten das Phänomen als „Allradlenkung". Der Fahrer konnte zwischen verschiedenen Lenkmodi wählen: Lenkung der Vorderachse, Allrad oder Hundegang.

Während der 70er Jahre bemühte sich IH darum, sein Angebot an leistungsstarken Traktoren zu verbessern. Zuerst nahm man mit Steiger in Fargo Kontakt auf, da Steiger Traktoren für mehrere große Unternehmen gebaut hatte. Die beiden Unternehmen schlossen einen Vertrag, in dem sich Steiger dazu verpflichtete, eine Reihe von Knick-

schleppern nach IH Spezifikationen herzustellen. Das war neu für Steiger, da die Schlepper, die sie bis dahin für Unternehmen wie Allis-Chalmers, Ford und Canadian Co-op gebaut hatten, immer den Traktoren der Marke Steiger sehr ähnlich gewesen waren.

IHs Reihe von Großtraktoren für das Jahr 1977 bestand einerseits aus der 4186er Serie mit starrem Rahmen, Vierradantrieb, gleich großen Rädern, zwei lenkbaren Achsen und einer Leistung von 178 PS, und zwei Knicktraktoren, dem 4386er mit 230 PS und dem 4586er mit 300 PS. Insgesamt ähnelten die großen IH-Traktoren den kleinen Schleppern im Erscheinungsbild sehr. Bis Ende der 70er Jahre hatte International Harvester sein Angebot so weit vervollständigt, dass das Unternehmen für jede Farm einen passenden Traktor zu bieten hatte.

IH 4386

- 1977–1981
- IH DT-436 Sechszylindermotor
- 230 PS an der Zapfwelle bei 2600 U/min
- Turbolader und Ladeluftkühlung
- Manuelles Getriebe, 10 Vorwärts- und 2 Rückwärtsgänge
- Höchstgeschwindigkeit 33,6 km/h
- Betriebsgewicht 10 t

INTERNATIONAL HARVESTER 4786

Die International Harvester Company erwarb 1973 eine finanzielle Beteiligung am Traktorenmontagewerk von Steiger in Fargo, North Dakota. IH hatte keinen eigenen Knickschlepper im Angebot und gab bei dem Spezialisten für vierradgetriebene Schlepper einen Traktor in Auftrag. Die Produktion des 4366 war der Beginn der 86er Serie.

Die Bestandteile der IH 86er Serie stammten sowohl aus den Regalen von International als auch von Steiger. Anders als bei den Allis-Chalmers- und Ford FW-Traktoren, die in der Fabrik in Fargo hergestellt wurden und deren Konstruktion auf Steiger-Traktoren beruhte, sollten die International Harvester-Modelle ihre eigene Identität bekommen. Für den 4366er als erstes Modell benutzte man daher einen IH DT-466-Sechszylindermotor mit Turbolader, dessen Motorleistung bei 225 PS lag. Das Design der Karosserie war eine Mischung aus IH- und Steiger-Komponenten. Von Steiger stammtem z.B. der Antriebsstrang, die Zapfwelle, die Dreipunktaufhängung, Leitungen und Kabel. Das Kabinendesign ähnelte dem der kleineren 86er Serie von IH.

Mit dieser Traktorenserie, die von Steiger-Mitarbeitern in der Steiger-Fabrik nach Vorgaben von International Harvester gebaut wurde, trat IH in einen neuen Markt ein.

In der 86er Serie gab es vier Modelle: den 4366er mit einer Nennleistung von 225 PS, den 4386er mit 230 PS, den 4586er, der 300 PS hatte, und den 4786er mit der größten Nennleistung der Serie, nämlich 350 PS. Das Ende der 86er Serie kam 1981, acht Jahre nach ihrem Beginn.

IH 4786
- 1979–1981 - IH V8 Motor - 350 PS bei 2600 U/min - Turbolader - Synchrongetriebe, 10 Vorwärts- und 2 Rückwärtsgänge - Höchstgeschwindigkeit 29,3 km/h - Betriebsgewicht 11,6 t

INTERNATIONAL HARVESTER 3588 2+2

Ein IH 3588 2+2, Baujahr 1982, mit einem 4,30 m breiten Tiefengrubber, mit dem der Boden bei 6 km/h bis zu 25 cm tief bearbeitet wird. In diesem Fall wird das Land für die Maissaat vorbereitet.

IH 3588 2+2

- 1979–1981
- IH DT-466B Sechszylindermotor
- 177 PS bei 2400 U/min
- Turbolader
- Synchrongetriebe, 16 Vorwärts- und 8 Rückwärtsgänge
- Höchstgeschwindigkeit 33,3 km/h
- Betriebsgewicht 7,4 t

INTERNATIONAL HARVESTER 3788 2+2

Der Typ IH 2+2 hatte ein innovatives Design: Die vordere Bandgruppe mit Vorderachse und Motor war über ein Knickgelenk mit der hinteren Bandgruppe, bestehend aus Getriebe und Kabine, verbunden. In vieler Hinsicht ließ sich dieser Schlepper daher ähnlich wie ein konventioneller Traktor fahren.

Der hintere Teil des Traktors entstammte der hinteren Hälfte der konventionellen 86er Serie. Beim Motor handelte es sich um einen bewährten IH DT-466 mit Turbolader, den International Harvester in landwirtschaftlichen Traktoren, Baumaschinen und Lastwagen nutzte. Die Vorderachse war eine von IH häufig verwendete Achse, englischer Herkunft. Die Karosserie lehnte sich an den Stil der neuen 88er Serie an. Viele Teile, wie die Elektrik und die Kabine, stammten aus anderen Serien des Unternehmens, wodurch der Kaufpreis des Schleppers niedrig gehalten wurde. So konnten Landwirte einen vielseitigen Traktor zu einem günstigen Preis erstehen. In der 88er Serie der 2+2 gab es zwei Modelle, den 3388er mit 131 PS an der Zapfwelle und den 3588er mit 177 PS an der Zapfwelle; beide wurden 1979 auf den Markt gebracht. Die Traktoren mit diesem einzigartigen Stil waren so erfolgreich, dass in knapp über zwölf Monaten 3000 dieser Fahrzeuge verkauft wurden. Man entschloss sich daher im Jahre 1980, dieser Reihe ein drittes Modell, den 3788er mit 200 PS, hinzuzufügen.

In Amerika nennt man den 2+2 aufgrund seiner Haube, die wie eine lang hervorstehende Nase aussieht, den „Nasenbär“. In vielen Ländern ist er wegen seiner außergewöhnlichen Optik auch als „Snoopy“ bekannt.

IH 3788 2+2

- 1979–1981
- IH DT-466B Sechszylindermotor
- 177 PS bei 2400 U/min
- Turbolader
- Synchrongetriebe, 16 Vorwärts- und 8 Rückwärtsgänge
- Höchstgeschwindigkeit 33,3 km/h
- Betriebsgewicht 7,4 t

JOHN DEERE WAGNER

Die beiden Knicktraktoren WA-14 und WA-17 von John Deere Wagner sind vielen Fans und sogar Mitarbeitern von John Deere ein Rätsel. Die grünen John Deere Wagner sind nicht sehr bekannt und verbreitet. Sie passen weder zur Geschichte Wagners noch zur Historie John Deeres. Von manchen Kennern werden sie sogar als „Waisenkinder“ bezeichnet. Es gibt nur wenige schriftliche Aufzeichnungen über die Historie dieser Modelle, trotzdem spielen sie in der Geschichte der amerikanischen Großtraktoren eine bedeutende Rolle.

Mitte der 50er Jahre suchten das John Deere-Management und das Konstruktionsteam nach Möglichkeiten, die nutzbare Leistung von Traktoren zu erhöhen. Wayne H. Worthington, John Deeres Entwicklungsdirektor, war davon überzeugt, dass man dazu vierradgetriebene Traktoren mit Knicklenkung wie die Wagner-Traktoren bräuchte.

Ab Frühjahr 1958 testete man den ersten großen John Deere 8010-Traktor beim Einsatz auf dem Acker. Im Herbst 1959 wurde er der Öffentlichkeit vorgestellt. Nach vielen Problemen mit diesem Traktor, der von Landwirten kurz und bündig mit den Worten „zu groß und zu früh“ abgetan wurde, stellte John Deere die Produktion von großen Knicktraktoren 1964 ein.

Silvester 1968 unterzeichneten John Deere und FWD Wagner ein Abkommen, durch das John Deere die Rechte am WA-14 und dem WA-17 erstand. Wagner sollte 100 Schlepper liefern und John Deere für die Äußerlichkeiten sorgen, z.B. in den Firmenfarben lackieren. Die zwei grünen John Deere Wagner unterschieden sich kaum voneinander und ähnelten sehr ihren Vorgängern, den gelben Wagner-Traktoren; die einzigen sichtbaren Unterschiede waren das John Deere-Outfit, die Reifengröße und leichte Änderungen an Rahmen und Karosserie.

Das Abkommen zwischen John Deere und Wagner dauerte nicht einmal drei Jahre und es wurden weniger als die erwarteten 100 Schlepper bestellt. Verkauft wurden schließlich 23 Exemplare des JD WA-14 und 28 Einheiten vom JD WA-17.

JD WAGNER WA-14

- 1969–1970
- Cummins N855C1 Sechszylindermotor
- 225 PS bei 2100 U/min
- Turbolader
- Fuller-Getriebe
- 10 Vorwärts- und 2 Rückwärtsgänge
- Höchstgeschwindigkeit 17,7 km/h
- Betriebsgewicht 11,84 t

JD WAGNER WA-17

- 1969–1970
- Cummins NT855C1 Sechszylindermotor
- 280 PS bei 2100 U/min
- Turbolader
- Road Ranger-Getriebe
- 10 Vorwärts- und 2 Rückwärtsgänge
- Höchstgeschwindigkeit vorwärts 17,7 km/h
- Betriebsgewicht 12,26 t

FWD
WA-17

JOHN DEERE 8020

John Deeres erster Versuch, sich auf dem Markt für Knicktraktoren zu etablieren, war nur von kurzer Dauer. Der John Deere 8010 wurde 1959 auf den Markt gebracht. Alle 50 Traktoren dieser Serie wurden zurückgerufen, da es Probleme mit der Zuverlässigkeit der Motoren und des Neungang-Getriebes gab.

Als sie zurück in der John Deere-Fabrik in Waterloo waren, überarbeitete man sie und brachte sie als John Deere 8020 wieder heraus: Dieses Modell hatte neben einem neuen Achtgang-Getriebe einen verbesserten Motor. Aber trotz dieser Verbesserungen blieb der Verkaufserfolg des 4WD 8020 hinter den Erwartungen zurück. Die Produktion wurde 1964 eingestellt, nachdem nur 100 Schlepper dieser Serie abgesetzt worden waren.

Mit den Traktoren der neuen Generation und den großen Knickschleppern wurde jedoch das Ende der John Deere-Zweizylinderschlepper-Ära eingeläutet.

JOHN DEERE 8020

- 1959–1964
- General Motors 671E Sechszylinder-Diesel
- 215 PS bei 2100 U/min
- 150 PS am Zughaken
- Syncro-Range-Getriebe, 8 Vorwärts- und 2 Rückwärtsgänge
- Höchstgeschwindigkeit 29 km/h
- Betriebsgewicht 11 t

JOHN DEERE 7520

Nachdem die ersten John Deere-Knickschlepper – der 8010 und der 8020 – nicht besonders erfolgreich gewesen waren, sicherte sich das Unternehmen mit seinen Schleppern 7020 und 7520 einen festen Platz im Markt für Großtraktoren.

JOHN DEERE 7520

- 1972–1975
- John Deere Sechszylindermotor
- 125 PS bei 2100 U/min
- Turbolader mit Ladeluftkühlung
- 16 Vorwärts- und 4 Rückwärtsgänge
- Höchstgeschwindigkeit 36 km/h
- Betriebsgewicht 7,6 t

JOHN DEERE 8430

John Deere brachte seine ersten Traktoren der Generation II Ende 1972 auf den Markt: Fast drei Jahre später liefen die Knickschlepper der Reihe 8430 mit 215 PS und der 8630 mit 275 PS zum ersten Mal vom Band. Die Traktoren der Generation II stellten für John Deere einen Durchbruch dar. Mit ihrer elastisch gelagerten „Sound Guard"-Kabine gehörten diese Traktoren zur Avantgarde des modernen Traktordesigns.

John Deere hatte die Landwirte befragt, was sie von einem knickgelenkten Großtraktor erwarteten. Die Landwirte wollten einen Traktor ähnlich dem 7020, den man aber sowohl für Reihenkulturen als auch für schwere Bodenbearbeitung einsetzen konnte. Gleichzeitig bestand ein Bedarf für stärkere Schlepper, die größere Arbeitsgeräte bei höheren Geschwindigkeiten ziehen konnten, sodass das Arbeitspensum erhöht werden konnte. Außerdem bestand ein Wunsch nach einer bequemen Kabine, in der der Fahrer auch unter heißen, trockenen und staubigen Arbeitsbedingungen seinen langen Arbeitstag in relativem Komfort verbringen konnte. Landwirte und Fahrer hatten die neue „Sound Guard"-Kabine bei den ersten Traktoren der Generation II gesehen – dieses Design wünschten sie sich für ihre neuen großen Knickschlepper.

Die neuen Traktoren der Generation II verdankten viele ihrer technischen Details den Ideen von Landwirten und bewiesen, dass ein Hersteller wie John Deere, der seine Kunden befragt und bereit ist, ihnen den gewünschten Traktor zur Verfügung zu stellen, Erfolg hat. Das Design der Serie 30 war so erfolgreich, dass man es auch für die Serie 40 und 50 übernahm und die Form nur minimal veränderte. Trotzdem stellte jede Serie eine enorme Verbesserung dar. Jede folgende Serie wurde ebenfalls um ein leistungsstärkeres Modell erweitert.

JOHN DEERE 8430

- 1975–1978
- John Deere Sechszylindermotor mit 7636 cm^3
- 215 PS bei 2100 U/min
- Turbolader und Ladeluftkühlung
- „Quad-Range", 16 Vorwärts- und 4 Rückwärtsgänge
- Höchstgeschwindigkeit 32,6 km/h
- Versandgewicht 9,8 t

JOHN DEERE 8850

Die 50er Serie von John Deere war in Amerika sehr beliebt. Es gab drei Modelle in dieser Reihe, das größte hatte 370 PS und war mit einem neuen 15,6 l großen John Deere V8-Motor mit Turbolader und Ladeluftkühlung ausgestattet. Mit seiner Motornennleistung von 370 PS und seinen 300 PS an der Zapfwelle gehörte er zu den stärksten Schleppern seiner Zeit und war der größte Traktor, den John Deere bis dahin produziert hatte. Das Unternehmen wollte damit ebenfalls sein Engagement für Knicktraktoren unter Beweis stellen.

JOHN DEERE 8850

- 1982–1989
- John Deere 15,6 l-V8
- 370 PS bei 2100 U/min
- 300 PS an der Zapfwelle
- Turbolader und Ladeluftkühlung
- „Quad-Range" 2-stufige Lastschaltung, 16 Vorwärts- und 4 Rückwärtsgänge
- Höchstgeschwindigkeit 32,5 km/h
- Betriebsgewicht 16,7 t

JOHN DEERE 8650

Dieses mittlere von drei Modellen der 50er Serie von John Deere war wie seine Brüder mit dem „Investigator II"-Warnsystem ausgestattet, das dem neuesten Stand der Technik entsprach: ein System mit aufwändiger Elektronik, das die verschiedensten Funktionen überwachen und zügig auf Fehler reagieren konnte. Durch die schnelle Diagnose von Fehlfunktionen wurde kostspieligen Schäden und den damit verbundenen Ausfallzeiten vorgebeugt und somit die Produktivität des Schleppers insgesamt verbessert.

JOHN DEERE 8650

- 1982–1989
- John Deere 15,6 l-V8
- 370 PS bei 2100 U/min
- 300 PS an der Zapfwelle
- Turbolader und Ladeluftkühlung
- „Quad-Range" 2-stufige Lastschaltung, 16 Vorwärts- und 4 Rückwärtsgänge
- Höchstgeschwindigkeit 32,5 km/h
- Betriebsgewicht 16,7 t

Der „große Bruder“ dieser Reihe, der 8850er, war erneut der größte Traktor, den John Deere jemals gebaut hatte, und wurde – zum ersten Mal in der Firmengeschichte – von John Deeres eigenem 15,6 l-V8-Motor angetrieben. Der 370 PS starke 8850er und seine Brüder aus der 50er Serie sorgten dafür, dass John Deere der Konkurrenz voraus war. Das Unternehmen hatte nun Schlepper von einer erstaunlichen Bandbreite im Angebot: von 20 PS bis knapp unter 400 PS. Vom Kleingärtner bis zum Farmer mit riesigen Ackerflächen konnte das Unternehmen jedem Traktor-Bedarf gerecht werden.

JOHN DEERE 9400

Als John Deere im Jahre 1996 die 9000er Serie auf den Markt brachte, warb das Unternehmen mit der ersten vorverkabelten Traktorkabine, sodass diese mit der modernsten Technik ausgestattet werden konnte. Zur Ausstattung gehörten Computer, Bildschirme und Radio; die Kabine wurde als „Büro auf Rädern" beschrieben: Von der klimatisierten und ergonomisch gestalteten Kabine aus sollte der moderne Landwirt gleichzeitig sein Land bearbeiten und sein Geschäft verwalten können.

Der 9400er war der bis dahin stärkste John Deere-Traktor. Er hatte einen neuen 12,5 l großen John Deere Powertech 6125 Sechszylindermotor mit vier Ventilen pro Zylinder und konnte damit 425 PS leisten. Der brandneu entwickelte Motor war elektronisch geregelt, um den Kraftstoffverbrauch so niedrig wie möglich zu halten: Im Vergleich mit vorangegangenen Modellen verbrauchte dieser Schlepper 8 Prozent weniger Sprit. Der JD 9400 konnte eine Überleistung von bis zu 7 Prozent erbringen.

JOHN DEERE 9400

- 1996–2000
- John Deere Powertec 12,5 l-Sechszylindermotor
- 425 PS bei 2100 U/min
- Turbolader mit Luft-zu-Luft-Kühlung
- 12-Gang Syncro-Getriebe
- Höchstgeschwindigkeit 28,6 km/h
- Betriebsgewicht 17,06 t

JOHN DEERE 8970 KINZE RE-POWER

Der größte Traktor der John Deere 70er Serie, der 8970er, hatte einen Cummins 14 l Sechszylindermotor. Der hier abgebildete Schlepper war Opfer eines Brandes geworden, bei dem der ganze Traktor und der Motor schwer beschädigt wurden.

Jon Kinzenbaw, Chef der Firma Kinze aus Iowa, hatte schon einen gewissen Ruf für seine Arbeit an John Deere-Traktoren, die er mit Cummins-Motoren „repowered“ hatte. Daher beauftragte der Besitzer dieses John Deere 8970 das Kinze-Team, seinen Schlepper zu reparieren und mit einem stärkeren Motor auszustatten.

Hierzu musste der Traktor in seine Bestandteile zerlegt werden. Ein 18-l-Cummins-QSK-19 Motor mit fast 600 PS wurde montiert. Das Getriebe blieb ein John Deere Syncro mit 12 Gängen.

Um Platz für den größeren Motor zu schaffen, entwarf man eine neue Haube, die – verglichen mit der Originalhaube – ein verbessertes Blickfeld bot. Sie ließ sich elektrisch öffnen und machte den Motor für Wartungs- und Reparaturarbeiten leichter zugänglich.

Der fertige „repowerte“ Traktor ähnelte dem ursprünglichen JD 8970 kaum noch und hatte außerdem 200 PS zusätzlich. Er sah brandneu aus, obwohl er schon zehn Jahre alt war.

JOHN DEERE 9530 & 9630

Im Jahr 2007 präsentierte der Hersteller aus Moline, Illinois die neue aus fünf Modellen bestehende Serie 9030. Bei der Entwicklung dieser Baureihe standen vor allem die Reduzierung der Einsatzkosten bei gleichzeitig erhöhter Effizienz und gesteigerter Produktivität im Focus der Ingenieure. Dabei sollten die Fahrzeuge für den Fahrer aber auch komfortabel und einfach zu beherrschen sein. Zu diesem Zweck entwarf man eine noch geräuschärmere und bedienerfreundlichere Kabine mit optimierten Platzverhältnissen. Das markanteste Merkmal der CommandView Kabine ist die großzügige Verglasung, die optimale Rundumsicht gewährleistet. Der Fahrer nimmt Platz auf dem luftgefederten Komfortsitz oder wahlweise dem ActiveSeat. Letzter gehört lederbezogen und beheizbar zusammen mit einem Lederlenkrad zum so genannten Leder-Plus-Paket. Für das richtige Arbeitsklima sorgt ein passendes Lüftungssystem mit einer Klimaanlage oder optional mit der ClimaTrak-Klimaautomatik. Informationen bekommt der Fahrer über das CommandCenter Display (hier können mehr als 20 verschiedene Traktorfunktionen programmiert und überwacht werden), das Eckpfostendisplay und das digitale Armaturenbrett mit Anzeigedisplay. Für lange Nachteinsätze ist die Bedienkonsole mit beleuchteten Tasten und Anzeigen ausgestattet. Für ein effektives Arbeiten bei Dunkelheit sorgen auch die fünf in der Haube integrierten Xenon-Scheinwerfer. Die Arbeitsscheinwerfer am Heck nutzen ebenfalls diese Technologie und sind wie die vorderen Einheiten in der Lage, selbst größte Arbeitsgeräte in ihrer gesamten Länge taghell zu beleuchten. John Deere Motoren sind bekannt für ihre legendäre Zuverlässigkeit. Wie in den ebenfalls allradgetriebenen, allerdings hubraum- und leistungsschwächeren Varianten 9230, 9330 und 9430, sorgt auch in den Topmodellen 9530 und 9630 der neue John Deere PowerTech Plus-Motor mit 13,5 Litern Hubraum – bei den kleineren Modellen wurde er mit 9000 cm^3 konstruiert – für standesgemäßen Antrieb. Mit einem Verdichtungsverhältnis von 16:1 und einem Hub-Bohrungsverhältnis von 132 x 165 mm mobilisiert das mittels Turbolader mit variabler Schaufelgeometrie zwangsbeatmete, sechszylindrige Reihentriebwerk 491 PS (Modell 9530) bzw. 543 PS (Modell 9630) bei jeweils 2100 U/min. Werksseitig wird für den 9630 sogar eine Maximalleistung von 597 PS angegeben. Die neuen 4-Ventil-Motoren mit obenliegender Nockenwelle liefern ein besonders hohes Drehmoment – das Modell 9630 glänzt hier mit beeindruckenden 2500 Nm – bei niedriger Drehzahl. Dadurch gelang es den Technikern, das Ansprechverhalten und die Zugkraft nochmals deutlich zu optimieren.

Eine angemessene Kühlung des Dieselaggregates gewährleistet die hauseigene variable Lüftersteuerung namens Vario-Cool System, deren Lüfter mit automatischer, temperaturabhängiger Drehzahlsteuerung und ein im Vergleich zu Vorgängermodellen um fast 30 Prozent vergrößerter Kühler die Temperatur des 53 Liter fassenden Wasserkreislaufs regulieren. Dazu sorgen die rund 60 Liter Motoröl zusätzlich für die nötige Wärmeableitung und senken dadurch signifikant die Motorbelastung.

Zur Standardausstattung aller Modelle der Serie 9030 gehört ein 1325-Liter-Kraftstofftank, der lange Einsatzzeiten ermöglicht. Den Durchschnittsverbrauch des 9630 beim Feldeinsatz beziffert das für die US-Zulassung aller Traktoren zuständige University of Nebraska Tractor Test Laboratory mit gut 70 Litern pro Stunde. Gut 25 Liter weniger Diesel verbrennt die Maschine in derselben Zeit beim Straßeneinsatz.

JOHN DEERE 9530

- Seit 2007
- John Deere PowerTech Plus Diesel, 6-Zylinder-Reihenmotor
- 491 PS bei 2100 U/min
- Automatisches PowerShift Getriebe, 18 Vorwärts- und 6 Rückwärtsgänge
- Höchstgeschwindigkeit 40 km/h
- Zul. Gesamtgewicht 25,8 t

Als Getriebe kommt sowohl beim 9530 als auch beim 9630 serienmäßig das praxiserprobte 18-Speed Automatic PowerShift Getriebe mit 18 Vorwärts- und 6 Rückwärtsgängen zum Einsatz. Die automatische Schalteinheit wurde mit robust ausgelegten Wellen und Lagern optimal auf die höhere Motorleistung der Serie 9030 abgestimmt und erlaubt weiche, ruckfreie Schaltvorgänge ganz ohne Kuppeln. Durch Überwachung von Motorauslastung, Drehzahlregulierung und dem gewählten Gang, sorgt das Getriebe durch selbsttätiges Herauf- oder Herunterschalten dafür, dass das Fahrzeug stets im optimalen Bereich betrieben wird. So lassen sich ein noch sparsamerer Verbrauch und eine noch höhere Flächenleistung erzielen. Die Steuerung erfolgt mittels des ergonomischen Schalthebels an der CommandARM-Steuerkonsole. Insgesamt 10 Arbeitsgeschwindigkeiten zwischen 4,8 und 12,9 km/h in 0,8-km/h-Schritten stehen dem Fahrer zur Verfügung.

Im Gegensatz zu den ebenfalls allradgetriebenen, allerdings geringer motorisierten Schwestermodellen, verfügen die beiden Topvarianten, deren zulässiges Gesamtgewicht 25.854 Kilo beträgt, über die völlig neue doppelte Untersetzung im Planetengetriebe der Antriebsachsen. Das dient nicht nur einer Verbesserung der Traktion, sondern sorgt auch für eine Verringerung der Drehmomentbelastung der inneren Komponenten unter Last; das gilt besonders für Hohlrad und Planetenrad. Lebensdauer und Zuverlässigkeit des

JOHN DEERE

Antriebsstrangs werden somit verbessert und verringern die Betriebskosten. Eine hydraulische Differenzialsperre ist ebenfalls serienmäßig verbaut.

Die bis zu 4,40 Meter breiten und fast sieben Metern langen Feldkolosse der neuen John Deere Generation bieten modernste Technik für effektives Bearbeiten größter Flächen. Diese Konstruktionen haben natürlich auch ihren Preis. Die Investitionskosten für einen zwillingsbereiften 9530 in der Basisausstattung, zu der auch das neue Zugpendel der Kategorie 5 für besonders schwere oder extrem breite Arbeitsgeräte gehört, belaufen sich hierzulande auf gut 330.000 Euro inklusive Mehrwertsteuer. Ein identisch ausgestatteter 9630 kostet gut 50.000 Euro mehr.

JOHN DEERE 9630

- Seit 2007
- John Deere PowerTech Plus Diesel, 6-Zylinder-Reihenmotor
- 543 PS bei 2100 U/min
- Automatisches PowerShift Getriebe, 18 Vorwärts- und 6 Rückwärtsgänge
- Höchstgeschwindigkeit 40 km/h
- Zul. Gesamtgewicht 25,8 t

KHARKOV T-150K

Die Aktiengesellschaft Kharkov Traktorenfabrik ist der größte Traktorenhersteller der Ukraine und produziert Schlepper in allen Formen und Größen: vom 25 PS starken Allzwecktraktor über den Raupentraktor mit 200 PS bis zu den vierradangetriebenen Knicktraktoren mit 180 PS. Seit der Unternehmensgründung im Jahre 1931 wurden fast 40 verschiedene Modelle produziert.

In mehr als 70 Jahren liefen in der ukrainischen Fabrikanlage fast vier Mio. Traktoren vom Band. Anfangs wurden Kharkov-Traktoren unter dem Markennamen Belarus verkauft, erst ab 1993 exportierte man die Traktoren unter dem eigenen Markennamen Kharkov. Heute werden diese Traktoren von der Foreign Trade Company XT3 weltweit vertrieben.

Die in der Ukraine gebauten Kharkov-Traktoren hatten zwei verschiedene Modellbezeichnungen: Die „T"-Traktoren waren für den Binnenmarkt bestimmt, während die „XT3"-Schlepper in erster Linie für den Export vorgesehen waren. XT3 ist die kyrillische Bezeichnung für Kharkov. Die vierradangetriebenen Kharkov-Schlepper wurden als Allzweck-Reihenkultur-Traktoren vermarktet. Hier zu sehen sind zwei Kharkov T-150K-Traktoren bei der gemeinsamen Arbeit in der Region Poltava in der Ukraine. Beide Schlepper sind in den ukrainischen Nationalfarben lackiert.

KHARKOV T-150K

- Seit 1993
- YaMZ-236D V6
- 165 PS bei 2100 U/min
- Getriebe mit 12 Vorwärts- und 4 Rückwärtsgängen
- Höchstgeschwindigkeit vorwärts 29,9 km/h
- Betriebsgewicht 9,03 t

KHARKOV K-150

Kharkov Traktoren haben in der ganzen Welt viele technische Auszeichnungen gewonnen, aber den größten Ruhm erzielte das Unternehmen 1979, als der K-150 in den Vereinigten Staaten getestet wurde und vom Nebraska Test Centre zertifiziert wurde.

KHARKOV K-150

- 1972–1985
- CMD-62 V6
- 165 PS bei 2100 U/min
- Getriebe mit 12 Vorwärts- und 4 Rückwärtsgängen
- Höchstgeschwindigkeit vorwärts 29,9 km/h
- Betriebsgewicht 7,85 t

KHARKOV XT3-17221

KHARKOV XT3-17221

- Seit 2000
- YaMZ-236D V6
- 175 PS bei 2100 U/min
- Wechselschaltgetriebe, 12 Vorwärts- und 4 Rückwärtsgänge
- Höchstgeschwindigkeit vorwärts 29,4 km/h
- Betriebsgewicht 8,75 t

KINZE 640

Jon Kinzenbaw, Bauernsohn und Erfinder aus Ladora in Iowa, arbeitete in einer kleinen Werkstatt, wo er Landmaschinen reparierte. Schon bald verbreitete sich sein Ruf in den Nachbarstädten. Um 1970 spezialisierte sich Jon darauf, neue Motoren in aufgebrauchte Traktoren einzubauen. Dieser Vorgang wurde „re-powering“ genannt. Er baute Detroit 6V-71- und 8V-71-Triebwerke in zweiradangetriebene John Deere 5020er ein, wodurch sich ihre Leistung von 130 PS auf 300 PS steigern ließ.

Ein besonderes Projekt war Old Blue, wie dieser Traktor liebevoll von seinem Erbauer Jon Kinzenbaw genannt wird. Ein Traktor Marke Eigenbau, der von zwei Detroit-Dieselmotoren angetrieben wird und der eigentlich nur zu einem Zweck gebaut wurde: Er sollte einen Zwölf-Schar-Pflug vorführen. Trotzdem bereitete er einigen der großen Traktor-Hersteller jener Zeit ernsthafte Kopfschmerzen. Old Blue konnte diesen Zwölf-Schar-Pflug mit einer Durchschnittsgeschwindigkeit von knapp unter 10 km/h ziehen. Das bedeutet eine Arbeitsleistung von 4–5 ha pro Stunde bei einem Kraftstoffverbrauch von etwa 90 l pro Stunde.

Als Jon 1972 begann, am „Old Blue“ zu arbeiten, bediente er sich vieler Schlepperteile, die auf seinem Hof herumlagen. Hierzu gehörten zum Beispiel Achsen und Getriebe von Traktoren der Serie 5020 von John Deere. Kinzenbaw benutzte zwei Motoren, die er schon seit mehreren Jahren erfolgreich einsetzte und von denen er wusste, dass sie zuverlässig waren: Detroit-Dieselmotoren, die in der Regel für Lastwagen benutzt wurden. Der 8V-71 vorne unter der Haube und der 6V-71 unter der Kabine leisten gemeinsam etwa 636 PS. Jeder Motor kann aber auch ohne den anderen laufen.

Wenn man in einem Traktor zwei Motoren zur Verfügung hat, gibt es viele Kombinationsmöglichkeiten: Beide Motoren können gemeinsam arbeiten, um maximale Leistung und Traktion zu erzielen; bei leichten Kultivierungsarbeiten oder bei Fahrten auf öffentlichen Straßen kann man sich mit einem Motor begnügen – oder aber man kann den zweiten Motor für den Antrieb eines Arbeitsgeräts benutzen, sodass der Traktor bei schwierigem Gelände oder schweren Böden nicht an Leistung verliert. Die Vorteile eines Traktors mit zwei Motoren sind bemerkenswert, aber der Fahrer muss

sehr geschickt sein, um die zwei Motoren gleichzeitig bedienen zu können: Es gibt zwei Gaspedale, zwei Kupplungen, zwei Schalthebel – da alle Bedienungselemente doppelt vorhanden sind, müssen sie sauber synchronisiert sein. Auf einer großen landwirtschaftlichen Ausstellung in Iowa führte Kinzenbaw schließlich seinen Traktor mit dem Zwölf-Schar-Pflug vor. Die Zuschauer warteten gespannt auf den Startschuss für die Vorführung.

Es wurde eine denkwürdige Show: Kinzenbaw startete den Frontmotor, senkte den Pflug ab und tat so, als versuche er loszufahren. Die Vorderräder drehten durch und der Traktor buddelte sich ein: Jetzt waren alle Augen auf ihn gerichtet und die Konkurrenz lachte ... Jon legte den Leerlauf ein und startete den Heckmotor. Diesmal waren es die Hinterräder, die einfach nur durchdrehten, und wieder buddelte sich der Traktor ein. Inzwischen lachten nicht mehr nur seine Konkurrenten, das gesamte Publikum brach in Gelächter aus. Es wurden Rufe laut: „Sollen wir dich aus dem Schlamassel herausziehen?"

Kinzenbaw ließ sich nicht aus der Ruhe bringen. Er kam jetzt erst so richtig in Fahrt. Er startete beide Motoren, legte für beide den Gang ein, nahm seinen Fuß von der doppelten Kupplung – und der Traktor kletterte, ohne dass der Fahrer auch nur Gas gegeben hätte, mühelos aus den wenige Minuten zuvor gegrabenen Löchern. Er fuhr locker über den Acker, als zöge er nichts hinter sich her – ganz bestimmt aber keinen Zwölf-Schar-Pflug! Seine Konkurrenten waren erstaunt, einer solchen Leistung hatten sie nichts Vergleichbares entgegenzusetzen. Und Kinzenbaw pflügte einfach den ganzen Tag lang. Nach der Vorstellung kursierte schnell ein Spitzname für den Traktor: „Double trouble", was in etwa „doppelter Ärger" bedeutet.

KINZE 640

- „Old Blue" Unikat
- Zwischen 1972 und 1974 gebaut
- 2 Detroit-Dieselmotoren 6V-71 und ein 8V-71, die gemeinsam 636 PS produzieren
- Mehr als 450 PS am Zughaken
- Achsen und Getriebe aus zwei JD 5020 Traktoren
- Gewicht 20 t

KIROVETS K-700A

In knapp über zwölf Jahren baute Kirovets 100.000 Exemplare der 220 PS starken K-700-Serie und wurde dadurch zu einem der führenden Hersteller auf dem Markt für leistungsstarke Schlepper im Ostblock. 1992 wurde der staatliche Betrieb in eine AG umgewandelt; seitdem werden alle Kirovets-Schlepper unter diesem Namen verkauft.

KIROVETS K-700A

- 1975–1994
- YaMZ-238ND V8
- Turbolader und Zwischenkühlung
- 220 PS bei 1800 U/min
- Wechselschaltgetriebe, 16 Vorwärts- und 8 Rückwärtsgänge
- Höchstgeschwindigkeit vorwärts 33,8 km/h
- Betriebsgewicht 13,8 t

KIROVETS K-700A

Kirovets-Traktoren sind Knicktraktoren, die im russischen St. Petersburg von der Peterburgsky Tractorny Zavod, einer Tochtergesellschaft der Kirovsky Zavod Corporation, hergestellt werden. Das Unternehmen baut seit über 40 Jahren Großtraktoren, die jahrelang weltweit unter dem Namen Belarus exportiert und vermarktet wurden.

Der Name Belarus stammt noch aus einer Zeit, als die Ausfuhr von Traktoren aus der damaligen Sowjetunion über die Moskauer Regierungsorganisation Tractorexport lief. Sie stand selbstverständlich unter der Kontrolle der sowjetischen Regierung und beschloss eines Tages, alle aus der Sowjetunion exportierten Traktoren unter dem Namen Belarus zu vermarkten: Auf diese Weise erhielten Dutzende verschiedener Traktoren, die von Dutzenden – über das ganze Riesenreich verstreuten – kleinen Firmen hergestellt wurden, ein und denselben Namen. Da die UDSSR damals als ein Land und eine Nation angesehen wurde, legte niemand gegen den Einheitsnamen Belarus für alle sowjetischen Traktoren Einspruch ein.

Von den insgesamt 460.000 hergestellten Kirovets-Traktoren sind heute noch ca. 90.000 auf den Feldern aktiv.

Im Jahre 1994 wandte sich Kirovets an das deutsche Unternehmen L&K Land- und Kraftfahrzeugtechnik GmbH. Man bat um Unterstützung des neuen Entwicklungsprogramms, das die in Russland gebauten Traktoren auf den inzwischen im Westen erreichten Stand der Technik bringen sollte.

KIROVETS K-745 (PROTOTYP)

- 2002
- Deutz V8 ersetzt russischen V8
- 480 PS bei 1900 U/min
- Turbolader und Nachkühlung
- Powershift-Getriebe, 12 Vorwärts- und 2 Rückwärtsgänge
- Höchstgeschwindigkeit vorwärts 29,8 km/h
- Betriebsgewicht 16,3 t

L&K bauen inzwischen viele der neuen Kirovets um. Sie nehmen die russischen Motoren und Getriebe heraus und ersetzen sie durch moderne, elektronisch geregelte Deutz-Motoren und Lastschaltgetriebe. Die Traktoren werden zusätzlich mit elektronischen Ausrüstungen versehen, sodass sie die Vertriebsniederlassung in Marlishausen als moderne Schlepper verlassen und in einem heute stark umkämpften Markt mithalten können.

KIRSCHMANN

Während der zum Teil mehrtägigen Fotoshootings passierte es oft, dass das Team auf ältere ausrangierte Traktoren hingewiesen wurde. Im Verlaufe von Unterhaltungen mit Farmern oder Landmaschinenhändlern hörte man gelegentlich von seltenen Maschinen. Eine solche Begegnung der besonderen Art gab es auf John Voepels Farm in Newfane, Niagara, im Bundesstaat New York. John baut auf seinen 2000 ha hauptsächlich Kohl und Mais an. Er sammelt seit Jahren begeistert Knicktraktoren und fand diese Rarität auf einer Auktion in Prairie City, SW Dakota, wo er sie für 8000 $ erwarb. Der Traktor hatte sein Arbeitsleben auf einer Maisfarm im Mittleren Westen verbracht. Es handelte sich um ein sehr seltenes Exemplar eines Knickschleppers mit dem Namen Kirschmann. Dieser Schlepper wurde 1970/71 als einer von dreien von dem findigen John Kirschmann gebaut. Die anderen beiden Exemplare sind höchstwahrscheinlich längst verschrottet.

Kirschmann entwickelte und baute auch andere landwirtschaftliche Maschinen in seiner Firma namens Willmar, darunter eine Selbstfahrspritze. Das Unternehmen Willmar stellte aber die Entwicklung von Traktoren zugunsten der Entwicklung von Pflanzenschutzspritzen ein, da es auf dem Traktormarkt zu viele Hersteller gab, mit denen es nicht konkurrieren konnte. Willmar wurde von AGCO aufgekauft. Der Traktor ist mit einem CAT 1673 Sechszylindermotor der Serie C mit etwa 300 PS und einem stufenlosen hydrostatischen Getriebe ausgerüstet. Das Knickgelenk und die Pendelachse entsprechen dem gängigen Konzept für Knickschlepper. Außer einer Klimaanlage in der Kabine mit Stehhöhe gibt es wenig Komfort. Der Kirschmann bringt gut 10 Tonnen auf die Waage.

KIRSCHMANN
CAT

MASSEY FERGUSON 1500 & 1800

Der 1500er und der 1800er waren 1971 die ersten Knicktraktoren von Massey Ferguson.

Der MF 1800 wurde von einem Caterpillar V8-Dieselmotor 3160 angetrieben, der 178 PS leistete. Mit seinem manuellen Getriebe, das zwölf Vorwärts- und vier Rückwärtsgänge besaß, bot der mittelschwere Traktor eine große Bandbreite an Vorwärtsgängen. Er konnte so mit fast allen Problemen fertig werden, die sich ihm auf einem mittelgroßen Ackerbaubetrieb stellten. Dennoch war er nicht mit einer Zapfwelle ausgestattet.

Die Knicklenkung des MF 1800 konnte nach rechts und links um bis zu 40° eingeschlagen werden. Zusätzlich bot das Knickgelenk die Möglichkeit, die beiden Fahrzeughälften gegeneinander um 15° zu verschränken, sodass alle Räder unabhängig von der Topographie Bodenkontakt hatten. Wurde der Traktor mit Zwillingsrädern vorn und hinten ausgestattet, lag der Bodendruck des Acht-Tonnen-Traktors bei etwa 0,6 bar. Der MF 1800 wurde 1975 durch den verbesserten MF 1805 mit 210 PS Motorleistung ersetzt.

MASSEY FERGUSON 1800

- 1971–1975
- Caterpillar 3160 V8
- 178 PS am Zughaken bei 2800 U/min
- Manuelles Getriebe, 12 Vorwärts- und 4 Rückwärtsgänge
- Höchstgeschwindigkeit 31,9 km/h
- Betriebsgewicht 7,47 t

MF 1800
MF 1800

MF 1800

MASSEY FERGUSON 1805

Von 1971 bis 1975 wurde der MF 1500 in Toronto gebaut. Dieser Traktor bildete die Grundlage für seinen Bruder, den MF 1800. Die neuen MF-Serien 1505 und 1805, die 1975 auf den Markt gebracht und zwei Jahre lang produziert wurden, waren praktisch mit ihren Vorgängern identisch. Sie hatten dasselbe Design. Ein Traktor, der einem ähnlichen Design folgte, war der MF 1200. Später vom MF 1250 abgelöst, wurden beide zwischen 1972 und 1982 in Manchester, England, gebaut. Sie hatten eine Nennleistung von 105 beziehungsweise 112 PS. Diese beiden Modelle waren die einzigen echten serienmäßig in England hergestellten

Knickschlepper. Im Rennen um den leistungsstärksten Knickschlepper stellte Massey Ferguson 1978 eine neue Serie vor, die 4000er, mit vier Modellen, deren Technik man auf den neuesten Stand gebracht hatte. Die Motorleistung wurde gesteigert und reichte jetzt von 225 bis 375 PS.

Das Getriebe hatte zwölf Vorwärts- und vier Rückwärtsgänge, wovon sieben Gänge im Bereich von 13 km/h lagen. Hierdurch stand dem Fahrer die ideale Geschwindigkeit für die jeweils anstehende Arbeit zur Verfügung, ob es sich ums Pflügen, Scheibeneggen, die Aussaat oder andere Aufgaben handelte.

Darüber hinaus standen weitere fünf Gänge zur Verfügung, sodass für Straßenfahrten und andere Arbeiten höhere Geschwindigkeiten von 13 km/h bis zu 32 km/h möglich waren. Mit den für die jeweilige Arbeit optimalen Reifen erzielte der MF 1805 minimalen Schlupf und dadurch höhere Geschwindigkeiten. Durch diese Effizienz konnten größere Flächen bearbeitet und zeitgleich Kraftstoff und Arbeitszeit eingespart werden. Man sagte vom MF 1805, dass er eine Arbeit mit dem gleichen Arbeitsgerät doppelt so schnell erledigen konnte wie ein Raupentraktor.

Ohne Arbeitsgerät lagen 60 Prozent des Gewichts auf der Vorderachse und 40 Prozent auf der Hinterachse, beim Arbeitseinsatz ergab sich aber eine gleichmäßige Gewichtsverteilung über beide Achsen. Hierdurch verbesserten sich Zugkraft und Schlupf, sodass die Bodenverdichtung – im Vergleich zu herkömmlichen Traktoren mit Zweiradantrieb – minimal war. Bei weichem oder lockerem Boden oder in hügeligem Terrain konnten problemlos Zwillingsreifen aufgezogen werden, wodurch sich der Druck, der auf den Boden ausgeübt wurde, zusätzlich verringerte.

Der MF 1805 war mit dem altbewährten Caterpillar V8-Dieselmotor 3208 ausgestattet. Bei seiner Nennleistung drehte der Motor 2800 U/min. Das war die höchste Nenndrehzahl aller Massey Ferguson-Schlepper, trotzdem gab es viel Drehmoment, um schwierige Bodenverhältnisse zu bewältigen.

MASSEY FERGUSON 1805

- 1975–1977
- Caterpillar 3208 V8
- 210 PS bei 2800 U/min
- Wechselgetriebe, 12 Vorwärts- und 4 Rückwärtsgänge
- Höchstgeschwindigkeit 33,5 km/h
- Betriebsgewicht 8,5 t

MF
turbo

MASSEY FERGUSON 1200

Ein selten gewordener Anblick ist das klassische britische Paar von Knicktraktoren, gebaut von Massey Ferguson in Manchester: der MF 1200 und der MF 1250.

Im Jahre 1971 hatte Massey Ferguson in Amerika die Typen MF 1500 und 1800 herausgebracht. Diese Schlepper waren in Amerika derart erfolgreich, dass das MF-Management beschloss, britische Traktoren dieses Typs für den gesamten europäischen Markt zu produzieren. Mit diesem Ziel wurde der MF 1200 im Jahre 1972 der Öffentlichkeit vorgestellt.

Dank der enormen Traktion und Zugkraft gehörte dieser 105 PS starke Traktor Anfang der 70er Jahre zu den leistungsfähigeren Großtraktoren. Er war für die schweren Kultivierungsarbeiten in Europa bestens geeignet. Es dauerte jedoch nicht lange, bis er im Rennen um mehr PS eingeholt wurde. Allradangetriebene Standard-Traktoren überflügelten den Knick-Fergie schon bald, obwohl Massey Ferguson 1980 mit dem 1250er die Leistung auf 112 PS erhöhte. Schon 1982 wurde die serienmäßige Produktion der einzigen in Großbritannien hergestellten Knicktraktoren wieder eingestellt – wie andere gute britische Produkte konnten sie sich auf die Dauer leider nicht durchsetzen.

Für viele britische Farmer war der MF 1200 der erste Traktor dieser Art, den sie zu Gesicht bekamen. Einige Interessenten hatten die riesigen amerikanischen „Prairie Busters" – wie die Steiger-Schlepper der Serie I oder die sehr frühen Versatile D-118, 125 und 145 – vielleicht in landwirtschaftlichen Fachzeitschriften gesehen, aber sicherlich noch nicht im wirklichen Leben. Der neue MF 1200 war daher auch bei den Farmern, die große Flächen zu bearbeiten hatten, sehr beliebt. Der fortschrittliche Landwirt erkannte die Vorteile dieses Traktors: Ein Schlepper mit deutlich besserer Arbeitsleistung würde die Produktivität steigern, da größere Geräte eingesetzt werden konnten.

MASSEY FERGUSON 1200

- 1972–1980
- Perkins A6.354 Sechszylindermotor
- 105 PS bei 2400 U/min
- 91,2 PS an der Zapfwelle
- Getriebe mit 12 Vorwärts- und 4 Rückwärtsgängen
- Höchstgeschwindigkeit 17,45 km/h
- Betriebsgewicht 6,1 t

MASSEY FERGUSON 1250

MASSEY FERGUSON 1250

- 1980–1982
- Perkins A6.354 Sechszylindermotor
- 112 PS bei 2400 U/min
- 96 PS an der Zapfwelle
- Getriebe mit 12 Vorwärts- und 4 Rückwärtsgängen
- Höchstgeschwindigkeit 17,45 km/h
- Betriebsgewicht 6,1 t

MASSEY FERGUSON 4840

Die Serie 4000 von MF bestand aus vier verschiedenen Modellen. Die ersten beiden Modelle, der 4800er und der 4840er kamen 1979 auf den Markt und hatten 225 beziehungsweise 265 PS. Da beide sehr erfolgreich waren, folgte im Herbst 1979 der 320 PS starke 4880er und im Frühjahr 1980 brachte man ein weiteres Modell auf den Markt, den 4900er mit 375 PS. Alle vier Modelle waren mit dem Cummins V8-Dieselmotor V-903 ausgestattet, die zwei größeren Modelle hatten außerdem einen Turbolader. Mit dieser Reihe leistungsstarker Schlepper erkämpfte sich Massey Ferguson einen Platz unter den führenden Herstellern von Knicklenkern. Im kanadischen Brantford (Provinz Ontario) wurde die MF 4000er Serie gebaut. Sie war mit einer elektronisch gesteuerten Dreipunktaufhängung ausgestattet, die bis zu 5 t heben konnte. Mit dieser fortschrittlichen Technik wurde die 4000er Serie sowohl auf großen Präriefarmen als auch auf kleineren intensiv bewirtschafteten Betrieben, wo exakte Arbeit in Reihenkulturen gefragt war, sehr beliebt. Die Serie 4000 wurde auch nach Europa exportiert, wo sie sich in den ständig größer werdenden landwirtschaftlichen Betrieben bewährt hat.

In der zweiten Hälfte der 80er Jahre hatte MF ernste finanzielle Probleme. Das führte zu einem Verkauf der Rechte an der Produktion der Serie 4000 an McConnell Manufacturing aus North Carolina. McConnell baute den neuen 390 PS starken MF 5200 sowohl in den Farben Massey Fergusons als auch in der gelben Hausfarbe von McConnell.

MASSEY FERGUSON 4840

- 1978–1986
- Cummins V-903 V8
- 265 PS bei 2600 U/min
- Teillastschaltgetriebe, 18 Vorwärtsgänge
- Höchstgeschwindigkeit 30,9 km/h
- Betriebsgewicht 12,05 t

MF
4840

MASSEY FERGUSON

MASSEY FERGUSON 4800

Der MF 4800 zieht eine 7,60 m breite Rauwalze von Brillion, mit der er bei einer Geschwindigkeit von weniger als 5 km/h die Erde nach der Winterfurche aufbricht – eine mühsame Arbeit.

MASSEY FERGUSON 4800

- 1978–1986
- Cummins V-903 V8
- 225 PS bei 2600 U/min
- Teillastschaltung, 18 Vorwärtsgänge
- Höchstgeschwindigkeit 30,9 km/h
- Versandgewicht 12,05 t

MASSEY FERGUSON 4880

MASSEY FERGUSON 4880

- 1979–1986
- Cummins VT-903 V8
- 320 PS bei 2600 U/min
- Turbolader
- Dreifach-Lastschaltung, 18 Gänge
- Höchstgeschwindigkeit 31 km/h
- Betriebsgewicht 14,06 t

MINNEAPOLIS-MOLINE A4T-1600

Die White Motor Corporation baute Ende der 60er bis Anfang der 70er Jahre in ihrer Fabrik in Minnesota den Minneapolis-Moline A4T-1400 und A4T-1600, den Oliver 2455 und 2655 und den White Plainsman A4T-1400 und A4T-1600. Diese Knicklenker unterschieden sich außer durch ihre Farbe, den Motortyp und die Motorleistung nicht voneinander. Damit konnte WMC mit einer einzigen Konstruktion Knickschlepper verschiedener Fabrikate an markentreue US-Farmer vertreiben.

Die ersten Modelle, die das Unternehmen baute und vermarktete, waren die Minneapolis-Moline-Traktoren, die entweder von Diesel- oder von Benzinmotoren angetrieben wurden. Die Konstrukteure benutzten – so weit wie möglich – gängige Komponenten, die aus der Fertigung der zweiradangetriebenen Traktoren von WMC stammten. Hierzu gehörten z.B. Motoren und Getriebe. Neu entworfen wurden u.a. der Front- und der Heckrahmen, die Steuerung und das Knickgelenk. Der Einsatz gängiger Komponenten bedeutete, dass der Preis im Verhältnis zur Motorleistung mit einem allradangetriebenen Standard-Traktor vergleichbar war, wodurch die Schlepper in einem wachsenden Markt wettbewerbsfähig waren.

Im Jahre 1972 wurde der Unternehmensbereich Landmaschinen der WMC umstrukturiert. Ab 1973 produzierte das Unternehmen unter dem neuen Namen White Farm Equipment eine weiterentwickelte Serie von Knickschleppern, den so genannten White Field Boss.

MM A4T-1600

- 1969–1971
- Minneapolis D585 Sechszylindermotor
- 169 PS bei 2200 U/min
- Manuelles Synchrongetriebe, 10 Vorwärts- und 2 Rückwärtsgänge
- Höchstgeschwindigkeit 35,7 km/h
- Betriebsgewicht 9,7 t

MM
DIESEL
MINNEAPOLIS-MOLINE
A4T-1600

MM
DIESEL
MINNEAPOLIS-MOLINE
A4T-1600

NEW HOLLAND TJ 375

Der New Holland TJ von 2001 war der neue Vorzeigetraktor für die Unternehmensgruppe CNH nach der Fusion von Ford New Holland mit Case IH. Neben den roten Knickschleppern wurden nun auch die blauen Traktoren der Serie TJ am selben Fließband in Fargo gefertigt.

Während die Konkurrenz versucht hatte, die Probleme von Zugkraft und Schlupf bei gleichzeitig minimaler Bodenverdichtung mit Hilfe von Raupenschleppern in den Griff zu bekommen, überlegte sich New Holland, wie man diese schwierigen Forderungen mit den richtigen Reifen erfolgreich erfüllen könnte..

Die TJ-Traktoren sind daher mit größeren Reifen ausgestattet, als es normalerweise üblich ist: Die Firestone-Gürtelreifen 710/70 R42 sitzen auf 58 cm breiten Felgen und reduzieren die Bodenverdichtung auf etwa 0,3 bar! Sie sind Sonderanfertigungen mit mehr als 1,83 m Durchmesser.

Die Traktoren sind mit den bewährten Cummins-Motoren ausgestattet, die das Unternehmen schon seit Jahren verwendet: Zuerst wurden sie in den Versatile-Traktoren eingesetzt, dann in den Ford Versatile-Schleppern und schließlich in den New Holland Versatile-Traktoren.

Es gibt sieben Modelle von 275 PS bis 440 PS in der TJ-Serie; mit einem Drehmomentanstieg von 43 Prozent und einer Überleistung von bis zu 40 PS beeindrucken die Antriebsaggregate. Mit dieser Leistungsreserve kann der Traktor schwierigste Einsätze bewältigen, ohne herunterschalten zu müssen. Um die Zugeffizienz des Traktors zu erhöhen, weist der TJ den längsten Radstand auf, der zurzeit auf dem Markt erhältlich ist.

NEW HOLLAND TJ 375

- Seit 2001
- Cummins QSX 15 Sechszylindermotor
- 375 PS bei 2000 U/min
- Turbolader und Ladeluftkühlung
- Powershift-Getriebe 16/2
- Höchstgeschwindigkeit 37 km/h
- Betriebsgewicht 20,08 t

OLIVER 2655

Schon 1930 wurde mit dem 18-28 der erste Oliver Hart Parr-Schlepper produziert. Seit 1958 hatte Oliver in Charles City, Iowa, Traktoren hergestellt. Im Jahre 1960 kaufte die White Motor Corporation (WMC) die Oliver-Traktorenproduktion auf.

Die nächste wichtige Akquisition von WMC war 1962 das kanadische Unternehmen Cockshutt Farm Equipment. Ein Jahr später erweiterte WMC sein Unternehmen um einen weiteren Traktorhersteller: Minneapolis-Moline aus Hopkins, Minnesota.

Die Traktorenhersteller Oliver, Minneapolis-Moline und Cockshutt behielten ihre eigene Identität bei und produzierten ab 1969 ihre Modelle unter dem gemeinsamen Namen: White Farm Equipment Company (WFE).

Noch im selben Jahr wurde ein neuer Knickschlepper auf den Markt gebracht, der Minneapolis-Moline A4T. Der Traktor wurde den markentreuen Farmern Amerikas in Grün als Oliver 2655 verkauft. Dieser Schlepper hatte jedoch dasselbe Aussehen wie der MM A4T-1600 und erbrachte dieselbe Leistung wie der White Plainsman A4T-1600.

Die Serie bestand aus drei Traktoren: dem 139 PS starken 2455 mit Dieselmotor, der 1969 erschien, dem 139 PS starken 2655 für Flüssiggasbetrieb von 1971 und dem mit 143 PS etwas leistungsstärkeren 2655 mit Dieselmotor, der ebenfalls 1971 zum ersten Mal vom Band lief. Schon Ende 1971 stellte man jedoch die Produktion der gesamten Reihe wieder ein.

OLIVER 2655

- 1971
- Minneapolis-Moline D585 Sechszylindermotor
- 143 PS bei 2200 U/min
- 10 Vorwärts- und 2 Rückwärtsgänge in zwei Gruppen
- Höchstgeschwindigkeit 35,7 km/h
- Betriebsgewicht 8,9 t

PHOENIX 3300

Das westaustralische Unternehmen Farmers Tractors Australia Pty Ltd stellte in Merredin – mitten im Weizengürtel Australiens – zwischen 1987 und 1991 die Phoenix-Traktoren her. Im Verlaufe dieser vier Jahre wurden 20 Traktoren gebaut, die zwischen 210 und 410 PS leisteten. Alle Schlepper waren Sonderanfertigungen, die nach individuellen Wünschen gebaut wurden. Sämtliche Phoenix-Traktoren wurden serienmäßig mit Mercedes Benz-Motoren ausgestattet, da der in Sydney ansässige Vertriebshändler für Mercedes Benz-Motoren, Smith and Maxwell, die Entwicklung der Traktoren unterstützte. Außerdem beteiligten sich 70 westaustralische Farmer als Aktionäre an der Firma.

PHOENIX 3300

- 1987–1991
- Mercedes Benz V8
- 330 PS bei 2100 U/min
- Twin Turbolader
- Powershift 12 x 4 Getriebe
- Höchstgeschwindigkeit 29,8 km/h
- Betriebsgewicht 13 t

PHOENIX 3500

Der Phoenix sollte im Wesentlichen vier Anforderungen erfüllen: Einfachheit, Zuverlässigkeit, unkomplizierte Wartung und Fahrkomfort. Die Traktoren mussten ununterbrochen viele Stunden unter den schwierigsten Bedingungen arbeiten, die es im Ackerbau weltweit zu bewältigen gab: Trockenheit, Staub und Hitze mit Temperaturen von mehr als 40 °C.

Es war außerdem wichtig, dass die Fahrer technisches Grundwissen mitbrachten, da sie oft Hunderte von Kilometern vom nächsten Landmaschinenhändler entfernt arbeiteten. Die Traktoren wurden deshalb einfach gebaut. Eine Panne konnte leicht von einem Fahrer auf dem Feld behoben werden. Dadurch wurden die Ausfallzeiten auf ein Minimum reduziert.

Ende der 80er, Anfang der 90er Jahre wurde deutlich, dass ausländische Traktoren billiger als die australischen Schlepper waren. Die Produktion von Knicktraktoren nahm daher seit dem Ende der 80er Jahre stetig ab; nach wenigen Jahren wurde die Herstellung von Großtraktoren in Australien ganz eingestellt.

PHOENIX 3500

- 1987–1991
- Mercedes-Benz V10
- 350 PS bei 2100 U/min
- Twin Turbolader
- Powershift 12 x 4 Getriebe
- Höchstgeschwindigkeit 29,8 km/h
- Betriebsgewicht 13,4 t

MORRIS
PHOENIX 3500

PHOENIX 3500

MORRIS

RITE 404

Die Brüder Dave und Jack Curtis waren seit 1945 erfolgreiche Landmaschinenhändler mit Sitz nördlich von Great Falls, Montana. Diese Gegend gehört zu den größten Weizenanbaugebieten Nordamerikas; es war daher kein Problem, hier mit Traktoren und Arbeitsgeräten zu handeln. Anfang der 50er Jahre verkauften sie viele kleine Traktoren – über die neuen großen Knicktraktoren, die von den Wagner Brothers im Nachbarstaat Oregon hergestellt wurden, hatten sie zwar gelesen, diese aber noch nie mit eigenen Augen gesehen. Den Grundstein für den Durchbruch des Knickschleppers hatten die Wagners Ende der 50er Jahre gelegt.
Dave und Jack Curtis fuhren also nach Oregon, um sich mit den Wagner-Brüdern zu treffen. Mit Erfolg: Die Curtis-Brüder wurden einer der ersten Wagner-Vertragshändler in den USA und Kanada. Die Brüder beließen es nicht dabei, die Traktoren nur zum Verkauf anzubieten, sie tauschten Komponenten aus und modifizierten die Wagner-Traktoren. So montierten sie beispielsweise größere Motoren und andere Getriebe.

RITE 404

- 1979
- Cummins KT1150 Sechszylindermotor
- 490 PS bei 2100 U/min
- Turbolader
- Fuller 13-Gang-Getriebe
- Höchstgeschwindigkeit 25,7 km/h
- Betriebsgewicht 20,8 t

RITE 606

Ein Kunde, der einen Wagner-Traktor besaß, schlug den Brüdern vor, ihm eine Sonderanfertigung mit 425 PS zu bauen. Sie stimmten zu und fertigten aus Standard-Komponenten ihren ersten eigenen Traktor, in den sie viele eigene Ideen und Neuerungen einfließen ließen.

Als die Brüder ihren ersten Rite-Traktor bauten, wussten sie, dass man für einen schweren und starken Traktor eine gute Basis braucht. Der Rahmen des Rite, die Achsen und das Knickgelenk waren sehr strapazierfähig. Zwei einfache Weisheiten der Brüder waren: „Um Gewicht zu ziehen, muss man Gewicht haben", und: „Man kann starke Motoren nicht mit kleinen Achsen und Getrieben kombinieren." Bei einer stabilen Basis ist es relativ einfach, später größere Motoren und Getriebe einzubauen.

Wichtig ist auch die Gewichtsverteilung zwischen dem Heck- und dem Frontteil des Knicktraktors. In der Regel ruhen 60 Prozent des Gewichtes vorn und 40 Prozent hinten; unter Last verteilt sich das Gewicht gleichmäßig auf Heck und Front.

Bis heute wurden insgesamt 35 Rite-Traktoren gebaut, drei dieser Schlepper waren Rite 750er mit 750 PS; sie wurden zwischen 1980 und 1982 fertig gestellt. Dave Curtis ist auch heute noch jederzeit gerne bereit, einen Traktor nach den Wünschen seiner Kunden zu bauen.

RITE 606

- 1976
- Cummins KT1150 Sechszylindermotor
- 525 PS bei 2100 U/min
- Turbolader
- Fuller 13-Gang-Getriebe
- Höchstgeschwindigkeit 25,7 km/h
- Betriebsgewicht 24,55 t

ROME 475C

Viele Landwirte bauten sich auf dem Hof ihre eigenen leistungsstarken Traktoren, sodass die Schlepper ihren jeweiligen Bedürfnissen gerecht wurden. Einige Farmer beließen es dabei, andere gingen einen Schritt weiter und stellten Traktoren auch für andere Farmer in der Nachbarschaft her.

Der Farmer J.D. Woods brauchte einen Traktor für seine Reisfarm. Also baute er zusammen mit dem Ingenieur Jones Copeland einen Traktor, der für diese Art der Landwirtschaft geeignet war. Die zwei waren mit dem Resultat sehr zufrieden und beschlossen, gemeinsam Schlepper in Serie herzustellen.

Der erste Woods and Copeland-Traktor, ein Schlepper mit 210 PS, wurde im Jahre 1971 in Texas gebaut. In diesem ersten Jahr stellten die beiden Männer drei Exemplare her. Zwischen 1973 und 1976 fertigten Woods and Copeland weitere 155 Traktoren!

Die Rome Plow Company aus Cedartown in Georgia kaufte 1976 die Rechte an der Traktorenproduktion von Woods and Copeland und baute ab 1978 eigene Modellserien. Sechs Jahre später wurde die Produktion der Rome-Traktoren jedoch wieder eingestellt.

Calvin Couch aus dem Norden Montanas besitzt seinen Rome 475C seit 1979. Er hat den Motor aufgebohrt, sodass der Traktor etwas mehr als 485 PS leistet. Mit dem 18 m breiten Grubber Bourgault 9400 bearbeitet Calvin bei einer Geschwindigkeit von 8 km/h etwa 14 ha die Stunde. Der zuverlässige V8-Caterpillar-Motor zieht tagein, tagaus seine Last und Calvin hat so gut wie nie Probleme mit ihm.

ROME 475C

- 1978–1984
- Caterpillar 3408 V8
- 475 PS bei 2100 U/min
- Allison Powershift-Getriebe, 12 Vorwärts- und 2 Rückwärtsgänge
- Höchstgeschwindigkeit 39,9 km/h
- Betriebsgewicht 16,75 t

Die meisten Rome-Traktoren arbeiten auch heute noch in Texas und Georgia. Auf den nassen schweren Böden der Reisfarmen in den Südstaaten ist Leistung bei geringem Schlupf besonders gefragt.

ROME 450C

Der Rome 450C zählt zurecht zur Kategorie Hochleistungsschlepper. Das hier gezeigte Exemplar aus dem Jahr 1980 beweist eindrucksvoll die Leistungsfähigkeit der Maschine: Mühelos zieht der bärenstarke Traktor den elffurchigen Beetpflug mit einer Arbeitstiefe von 30 cm. Bei einer durchschnittlichen Geschwindigkeit von knapp 13 km/h können bei guten Verhältnissen 3–4 ha pro Stunde bearbeitet werden.

Die Brüder Doug und Steve Howard bauen auf 600 Hektar Gemüse und Getreide an. Auf ihrer Farm arbeiten insgesamt sechs knickgelenkte Traktoren. Drei von ihnen sind Rome-Schlepper, die hier im Norden der USA, besonders im Bundesstaat New York, recht selten zu sehen sind. Die Brüder besitzen zwei Rome 475C Baujahr 1979 mit Caterpillar V8-Motoren 3408 und einer Nennleistung von 475 PS und einen Rome 450C, Baujahr 1980, der von einem Cummins-Sechszylindermotor 1150K mit einer Nennleistung von 450 PS angetrieben wird.

ROME 450C

- 1978–1984
- Cummins 1150K Sechszylindermotor
- 450 PS bei 2100 U/min
- Allison Powershift-Getriebe, 12 Vorwärts- und 2 Rückwärtsgänge
- Höchstgeschwindigkeit 39,9 km/h
- Betriebsgewicht 16,7 t

423
ROME

SCHLÜTER PROFI TRAC 5000 TVL

Der leistungsstärkste Traktor Westeuropas, der Schlüter 5000, stammt aus der inzwischen geschlossenen Fabrik des deutschen Unternehmens Schlüter in Freising, nordöstlich von München. Seit den 60er Jahren baute Anton Schlüter die jeweils stärksten Traktoren ihrer Zeit in Europa. Der Schlüter Profi Trac 5000 TVL war 1978 eine Sonderanfertigung. Ursprünglich hatte man tatsächlich geplant, mit diesem leistungsstarken Schlepper in die Serienfertigung zu gehen.

Zur Vorgeschichte: Anfang der 70er Jahre hatte die jugoslawische Regierung unter Präsident Tito schon verschiedene 200–300 PS starke Traktoren von Anton Schlüter gekauft. Die großen landwirtschaftlichen Produktionsgenossenschaften dieses osteuropäischen Staates waren mehrere Tausend Hektar groß; man benötigte also viel Leistung, um diese Flächen wirtschaftlich bearbeiten zu können. Die Verantwortlichen hatten die starken Kirovets- und Kharkov-Knickschlepper bei der Arbeit auf den Kolchosen im benachbarten Russland gesehen und beschlossen, ebenfalls solche Schlepper für Jugoslawien zu beschaffen.

Mitglieder der Geschäftsführung von Schlüter wurden nach Jugoslawien eingeladen, um die Möglichkeit zu besprechen, einen Großtraktor zu entwickeln und zu bauen. Man entwarf Pläne für einen Traktor mit 500 PS. Dieser Traktor sollte ähnlich konstruiert sein wie der erfolgreiche Profi Trac 3000, der 1975 auf den Markt kam – ein Traktor mit starrem Rahmen, gleich großen Rädern, Allradlenkung und Dreipunktaufhängung.

Bis heute ist unklar, ob eine veränderte Politik, eine andere Ausrichtung der staatlichen Landwirtschaft oder Präsident Tito, der vielleicht

einfach nur unzufrieden war mit dem Handel, den er mit Schlüter abgeschlossen hatte, dahinter steckte. Jedenfalls wurde der 500-PS-Traktor nie nach Jugoslawien ausgeliefert, denn die geplanten Bestellungen wurden storniert. Der Profi Trac 5000 TVL führte nun ein eher unbewegtes Leben, da er für viele deutsche Höfe zu groß war und da es damals kaum passende Arbeitsgeräte gab.
Der bärenstarke Schlüter 5000 ist unter deutschen Traktorfans zum Mythos aufgestiegen, er gehört jetzt Franz Josef Stetter, einem Lohnunternehmer im Bereich Straßenbau. Gelegentlich kommt der Riese an die frische Luft und wird für eine Ausstellung oder ein Oldtimer-Treffen auf Hochglanz poliert; einen vollen Tag arbeiten wird er wahrscheinlich nie wieder.

SCHLÜTER PROFI TRAC 5000 TVL

- 1978
- MAN D 2542 MTE V12
- 500 PS bei 2200 U/min
- 2 Turbolader
- ZF-Getriebe, 8 Vorwärtsgänge und 1 Rückwärtsgang
- Geschwindigkeit 29,8 km/h
- Gewicht 21,6 t

STEIGER

Steiger war nicht das erste Unternehmen, das in Amerika Knickschlepper herstellte. Die Gebrüder Wagner arbeiteten schon 1954 daran und starteten die Serienproduktion 1956; John Deere stellte seine 8010er im Herbst 1959 vor. Die Steiger-Traktorenproduktion begann jedoch erst 1961, nachdem Nachbarn die Steiger-Brüder jahrelang bekniet hatten, auch ihnen einen Traktor zu bauen. Trotzdem wurde Steiger zu einem der berühmtesten Namen in der Welt der großen Knickschlepper. In der Geschichte der Fa. Steiger gibt es jedoch einige Details, die selbst bei Fachleuten für Verwirrung sorgen.

Als die Brüder Doug und Maurice Steiger zusammen mit ihrem Vater John im Winter 1957/58 auf ihrer Farm in Red Lake Falls, Minnesota, ihren ersten Traktor bauten, konnten sie nicht wissen, wohin das führen würde. Das Resultat der monatelangen Arbeit, ein 238 PS starker Traktor, wird allgemein als Steiger No 1 bezeichnet; aber genau genommen hat dieses Exemplar überhaupt keinen offiziellen Namen: Es war einfach ein weiterer Schlepper, der auf einer Farm gebaut wurde. Heute ist dieser Traktor im Bonanzaville-Museum in Fargo zu sehen.

Der Steiger mit der tatsächlichen Seriennummer 1 ist daher auch der erste serienmäßig produzierte Traktor der Steiger-Brüder. Er wurde 1961 auf der Farm fertiggestellt. Von diesem Steiger 1200 wurden insgesamt drei Exemplare gebaut. Er war mit einem 118 PS starken Detroit-Dieselmotor bestückt.

Der Steiger Nr. 1, der zweite Steiger-Traktor, der jemals hergestellt wurde, befindet sich im Besitz von Lloyd und Jeff Pierce in Minnesota, nur wenige Meilen von dem Ort entfernt, an dem er gebaut wurde. Der 1200 wird von diesen beiden Männern seit 1961 liebevoll instand gehalten und gepflegt.

Jeff Pierce ist ein wahrer Sammler: Er möchte aus jeder der Steiger-Serien, die in Red Lake Falls gebaut wurden, einen Traktor unter seinem Dach vereinen. Er hat schon einiges erreicht. Mehrere Steiger-Traktoren präsentieren sich komplett restauriert, sodass sie wieder voll funktionsfähig sind: ein 1200er, ein 1250er mit 130 PS und ein 2200er mit 238 PS – außerdem weiß er, wo ein 3300er mit 318 PS steht, aber bislang hat er noch keinen 1700er mit 195 PS finden können.

In Bonanzaville existiert ein Steiger 1200 mit der Nr. 4. Es handelt sich um den dritten 1200 und den vierten Traktor der Steiger-Brüder. Leider scheint niemand zu wissen, was mit dem zweiten 1200 geschehen ist – vielleicht ging er zum Alteisen, vielleicht steht er noch irgendwo hinten in einer Scheune und rostet vor sich hin.

Viele Jahre ging man in der Landtechnik davon aus, dass es ein optimales Verhältnis von Kraft zu Gewicht gebe. Die Traktorenherstel-

STEIGER

2200
STEIGER

ler waren der Ansicht, dass dieses Verhältnis bei etwa 50 kg pro PS lag. Dieses Prinzip wurde zu Anfang auch von den Steiger-Brüdern zur Namensfindung angewandt. Sehen wir uns z.B. den 3300 an: Der Schlepper brachte 16,5 t auf die Waage, das sind 33.000 Pfund, daher der Name Steiger 3300.

Es gibt einen Traktor, der ebenfalls auf der Farm in Red Lake Falls gebaut wurde, in der Literatur jedoch nicht erwähnt wird: Der Logger 850 (für die Forstwirtschaft) wies große Ähnlichkeit mit dem 1250 aus der Landwirtschaft auf.

Die Steiger-Brüder stellten neben landwirtschaftlichen Traktoren in „Euclidgrün“ auch Fahrzeuge für den Baumaschinenmarkt her. Mitte der 60er Jahre verließ z.B. ein 2200 in Gelb mit einem V6-Detroit-Dieselmotor die Fabrik.

Ebenfalls Mitte der 60er Jahre baute Earl Christianson die Verkaufs- und Marketingabteilung bei Steiger auf. Ihm war aufgefallen, dass in der Bauindustrie leistungsstarke Maschinen eingesetzt wurden: eine Entwicklung, die er auch auf die Landwirtschaft zukommen sah.

Im Jahre 1969 beteiligte sich eine Gruppe von Investoren an Steiger, um der kleinen Firma bei der Expansion zu helfen. Die Traktorenproduktion wurde von der Farm in Red Lake Falls in Minnesota nach Fargo in den Bundesstaat Nord Dakota verlegt. Gleichzeitig wurde eine neue Serie von Traktoren vorgestellt, denen man Namen großer amerikanischer Wildkatzen verlieh: Puma, Wildcat und Panther, um nur einige zu nennen. Der Name Steiger wurde weltbekannt und in der Geschichte der Großtraktoren ist Steiger zweifellos einer der berühmtesten und beliebtesten Hersteller!

STEIGER 1200

Bild oben: Jeff Pierce

Vorhergehende Seite unten:
Doug Steiger, Earl Christianson

STEIGER 1200

- 1961
- Detroit Diesel 3-71N
- 118 PS bei 2300 U/min
- Manuelles Synchrongetriebe, 8 Vorwärts- und 2 Rückwärtsgänge
- Höchstgeschwindigkeit 27,4 km/h
- Betriebsgewicht 8 t

STEIGER COUGAR ST 300 I

Die erste Serie von Steiger-Traktoren, deren Modelle Namen von Großkatzen wie Wildcat, Super Wildcat, Bearcat, Cougar und Turbo Tiger trugen, wurde als die Serie I bekannt. Sie waren unverwechselbar in ihrem etablierten Steiger-Grün; es war aber das Rot von Kühlergrill und Felgen, durch das sich diese Traktoren von allen anderen Schleppern unterschieden.

Mit der Serie I setzte Steiger für die Zukunft auf eine große Angebotspalette. Die Modelle wurden in der Standardrahmenausführung (ST) und der „Row Crop"-Variante (RC) geliefert. Die Wahl für die Motoren fiel auf zwei Marken, die sich aufgrund ihrer Zuverlässigkeit und Leistungsfähigkeit bewährt hatten: Caterpillar und Cummins.

Von Anfang an benutzte das Steiger-Konstruktionsteam qualitativ hochwertige und leicht verfügbare Komponenten für die Traktoren, um Ausfallzeiten so kurz wie möglich zu halten. Cat- oder Cummins-Motoren, Spicer-Getriebe und Clark-Achsen: All diese Teile konnten schnell und problemlos auf der Farm oder beim LKW- oder Landmaschinenschlosser vor Ort repariert werden. Bis zuletzt blieb Steiger dem Prinzip des Komponentenbaus treu.

Der Cougar ST 300 gehörte zu den größten Schleppern der Serie I. Mit seinen schweren Planetenachsen, dem verstärkten Standardrahmen und einem leistungsfähigen Motor war der Schlepper bestens für den Einsatz mit einigen der größten damals erhältlichen Arbeitsgeräte ausgerüstet.

STEIGER COUGAR ST 300 I

- 1971–1974
- CAT D333T Sechszylindermotor
- Turbolader und Ladeluftkühlung
- 300 PS an der Zapfwelle bei 2200 U/min
- Spicer-Wechselgetriebe, 10 Vorwärts- und 2 Rückwärtsgänge
- Höchstgeschwindigkeit 22,7 km/h
- Betriebsgewicht 13,3 t

STEIGER COUGAR ST 300 II

Anfang der 70er Jahre war die weltweit größte Fertigungsanlage für vierradgetriebene Schlepper die Steiger-Fabrik in North Dakota.
Die Serie II gab es in fünf Grundmodellen, welche in insgesamt elf verschiedenen Varianten angeboten wurden. Die Motoren waren immer noch Zulieferteile von Caterpillar oder von Cummins, was sich durch ein C oder ein K in der jeweiligen Modellbezeichnung niederschlug. Einige der Modelle hatten die Buchstaben RC – für Row Crop – in der Designation, während die Buchstaben ST auf einen Standardrahmen hinwiesen. Der Cougar II war ausschließlich mit dem V8-Cat-Motor 3306T (10 l Hubraum) und Standardrahmen lieferbar. Die elastische Lagerung der klimatisierten Kabine reduzierte den Geräuschpegel und verminderte unangenehme Vibrationen und Staubbelästigung. Der Fahrer fand somit für seinen langen Arbeitstag einen bedeutend angenehmeren Arbeitsplatz vor, als es bei vielen anderen Kabinen damals noch üblich war.
Der robuste Cougar II war wendig und konnte die größten Arbeitsgeräte mit seiner erstaunlichen Leistung locker ziehen.
Die Traktoren der Serie II waren sich in der Grundkonstruktion sehr ähnlich. Auch hier gab es bewährte Komponenten, die die Zuverlässigkeit des Schleppers sicherstellten. Diese Zuverlässigkeit und Langlebigkeit haben die Traktoren längst unter Beweis gestellt, da viele, auch heute noch nach 30 Jahren, ihr tägliches Pensum auf den Äckern erfüllen.
Hier zu sehen ein Steiger Cougar II von 1975 mit einer 6 m breiten Bodenbearbeitungskombination, mit der bei 25 cm Tiefe gearbeitet wird. Bei einer durchschnittlichen Geschwindigkeit von 8–10 km/h kann der Fahrer an einem guten Arbeitstag 32–36 ha bearbeiten.

STEIGER COUGAR ST 300 II

- 1974–1976
- CAT 3306T V8
- Turbolader
- 227 PS am Zughaken bei 2200 U/min
- Spicer-Getriebe, 10 Vorwärts- und 2 Rückwärtsgänge
- Höchstgeschwindigkeit 24,1 km/h
- Betriebsgewicht 11,91 t

STEIGER BEARCAT II

Der leichtgewichtige Bearcat II gehörte zur Mittelklasse und war für Arbeiten auf mittleren und größeren Farmen ausgerichtet; er konnte für Reihenkulturen genau so gut eingesetzt werden wie für die Landbestellung auf den großen Feldern.

Die drei Brüder Boldt haben eine 600 Hektar große Farm in South Byron im Bundesstaat New York. Sie bearbeiten ihre Flächen gemeinsam. Auf 200 Hektar werden Bohnen angebaut, weitere 200 Hektar beheimaten Mais, auf 120 Hektar wächst Weizen und 80 Hektar sind für die Heuernte reserviert. Für die Bodenbearbeitung benutzen die Brüder hauptsächlich drei große Knickschlepper: einen Steiger Bearcat II mit einer 7 m breiten Scheibenegge White 424, die mit einer Geschwindigkeit von 6–8 km/h gezogen wird, einen International 4386 mit einer 6,40 m breiten Rauwalze Brillion bei einer Arbeitsgeschwindigkeit von 8–10 km/h und einen blauen Ford Versatile 876 Designation 6 mit einem Elf-Zinken-Tiefgrubber von Krause.

Auf den Äckern des Bundesstaates New York sieht man häufig mehrere Traktoren gleichzeitig bei der Arbeit. Gute Tage müssen ausgenutzt werden, denn zur Saatzeit ist das Wetter häufig regnerisch: Bis zu 1200 mm Regen fallen dann oft innerhalb von drei Tagen. Außerdem ist die Wachstumsperiode kurz: Die Bohnen werden für Dosengemüsehersteller angebaut und haben nur 75 Tage von der Aussaat bis zur Ernte; der Mais für die Dose muss in 90 Tagen erntereif sein.

Da sie also nur aufs Land können, wenn das Wetter es zulässt, brauchen die Farmer hier große, leistungsfähige Maschinen, um das Land schnell und effektiv bearbeiten zu können. Hohe Zugkraft bei niedrigem Schlupf ist in den Hügeln ebenfalls ein wichtiger Faktor. Das alles spricht für die Anschaffung eines Knickschleppers.

STEIGER BEARCAT II

- 1974–1976
- CAT 3208 V8
- 181 PS am Zughaken bei 2800 U/min
- Spicer-Getriebe, 10 Vorwärts- und 2 Rückwärtsgänge
- Höchstgeschwindigkeit 25,9 km/h
- Betriebsgewicht 9,56 t

STEIGER
BEARCAT II

STEIGER
BEARCAT II

STEIGER
273

STEIGER PANTHER II

Seit Ende der 60er Jahre benannten die Steiger-Brüder ihre Traktoren nach Großkatzen. Beim Steiger Panther der Serie II, der zwischen 1974 und 1976 gebaut wurde, stand das ST in der Modellbezeichnung für Standardrahmen (standard frame). Der Panther war das beliebteste Modell dieser Serie und erwies sich als große Hilfe für Farmer, die mit kurzen Sommern und schwierigen Bodenbedingungen zu kämpfen hatten. Der Panther hatte einen robusteren Rahmen als die kleineren Traktoren der Serie; außerdem war er mit einem Sechszylinder-Reihenmotor Cummins NT-855 mit Turbolader ausgestattet, während die kleineren Schlepper einen Caterpillar V8-Motor hatten. Die Traktoren waren im traditionellen Grün lackiert. Im Gegensatz zu den Traktoren der Serie I, deren Felgen und Kühlergrill rot leuchteten, lackierte man in der Serie II den Kühlergrill schwarz und die Felgen im Grün der Karosserie.

Hier zu sehen ein Steiger Panther II Turbo, Baujahr 1976, mit einer 7 m breiten Krause-Scheibenegge. Bei einer Arbeitsgeschwindigkeit von 8 km/h kann dieses Gespann 5 ha pro Stunde bearbeiten. Für die relativ kleinen Felder im Bundesstaat New York, die oft nicht größer als 8 ha sind, ist dieser Traktor daher wie geschaffen.

STEIGER PANTHER II

- 1974–1976
- Cummins NT-855 Sechszylindermotor
- Turbolader
- 310 PS an der Zapfwelle bei 2100 U/min
- Spicer-Getriebe, 10 Vorwärts- und 2 Rückwärtsgänge
- Höchstgeschwindigkeit 30,7 km/h
- Betriebsgewicht 11,6 t

STEIGER WILDCAT RC 210 III

Der Steiger Wildcat aus der Serie III wurde in zwei verschiedenen Ausführungen geliefert: dem RC 210 und dem ST 210. Beide Modelle leisteten dank eines V8-Motors vom Typ Caterpillar 3208 jeweils 210 PS. Die „Row Crop"-Ausführung hatte verstellbare Achsen, wodurch der mittelgroße Traktor ideal für Arbeiten mit verschiedenen Feldfrüchten geeignet war, wie z.B. Mais, Sonnenblumen und Soja. Die Spurbreite der Achsen konnte von 152–228 cm verstellt werden. Die Wildcat-Serie entsprach besonders dem Bedarf kleinerer Farmer, die einen konventionellen Traktor durch einen Knickschlepper ersetzen wollten, ohne aber genug Fläche zu haben, um die Anschaffung eines Schleppers mit 300 oder mehr PS wirtschaftlich betreiben zu können.

STEIGER WILDCAT RC 210 III

- 1976–1980
- Cat 3208 V8
- 210 PS bei 2100 U/min
- Synchrongetriebe, 10 Vorwärts- und 2 Rückwärtsgänge
- Höchstgeschwindigkeit vorwärts 31,5 km/h
- Betriebsgewicht 10,5 t

STEIGER BEARCAT ST 220 III

Im Produktionszeitraum der Steiger Bearcat IIIer Reihe zwischen den Jahren1976 und 1983 gab es insgesamt drei verschiedene Modelle: den Bearcat ST 225 mit Cat V8-Motor, den hier gezeigten Bearcat ST 220 mit einem 220 PS starken Cummins-Sechszylindermotor und den Bearcat PT 225; Letzterer ausgestattet mit einem schmalen Rahmen.

STEIGER BEARCAT ST 220 III

- 1976–1983
- Cummins N 855 C200 Sechszylindermotor
- 220 PS bei 2100 U/min
- 2-Gang-Gruppengetriebe, 10 Vorwärts- und 2 Rückwärtsgänge
- Höchstgeschwindigkeit 24,9 km/h
- Betriebsgewicht 13,11 t

STEIGER BEARCAT PT 225 III

Die Buchstaben PT in der Modellbezeichnung wiesen auf einen schmalen Rahmen hin, der mit einer elektronisch gesteuerten, hydraulisch angetriebenen Zapfwelle ausgestattet war, deren Leistung bei 125 PS lag.

Der Bearcat war sehr wendig: Selbst auf kleinen Feldern war er so leicht manövrierbar wie ein 100 PS starker konventioneller Traktor. Sein Wenderadius betrug nur knapp über 5 m.

Wie bei den meisten Knickschleppern, lagen auch beim Bearcat 60 Prozent des Gewichts auf der Front- und 40 Prozent auf der Hinterachse, sodass sich das Gewicht des Traktors unter Last gleichmäßig auf die Achsen verteilte: Das Resultat war minimaler Schlupf. Durch die Möglichkeit der Verschränkung der Hinterachse um 15° in beide Richtungen wurde eine gleichmäßige Gewichtsverteilung und damit eine einheitliche Bodenverdichtung aller Räder selbst in hügeligem Terrain möglich.

Eine große Auswahl von Reifen für den Bearcat lieferte gute Schlupfwerte und reduzierte die Bodenverdichtung noch weiter.

Eine hydrostatische Zapfwelle mit 125 PS gehörte zur Standardausführung; auf Wunsch wurde der Schlepper mit Dreipunktaufhängung geliefert. Diese Ausstattung machte den Bearcat sehr vielseitig. Die hydrostatische Zapfwelle wurde für drei Modelle angeboten, nämlich den Bearcat PT 225, den Cougar PT 270 und den Panther PT 350. Sie wies eine konstante Drehzahl auf, da sie nur hydraulisch mit dem Motor verbunden war. Selbst wenn die Drehzahl des Motors abfiel, blieb die Geschwindigkeit der Zapfwelle stabil. Um ein Beispiel zu nennen: Verstopfungen einer Erntemaschine oder schlecht abgeerntetes Getreide wurden dadurch verhindert, dass die Geschwindigkeit der Zapfwelle auch dann konstant blieb, wenn der Fahrer seine Geschwindigkeit verringern musste.

STEIGER BEARCAT PT 225 III

- 1977–1981
- CAT 3306 DIT Sechszylindermotor
- Turbolader
- 225 PS bei 2200 U/min
- 2-Gang-Gruppengetriebe, 10 Vorwärts- und 2 Rückwärtsgänge
- Höchstgeschwindigkeit 26,9 km/h
- Betriebsgewicht 14,7 t

STEIGER COUGAR ST 251 III

Mit der Einführung der Steiger Serie III-Traktoren 1976 erzielte das Unternehmen eine solche Popularität, dass das Unternehmen mehr Knickschlepper verkaufte als jeder andere Hersteller. Bei Steiger hatte der Landwirt eine Auswahl, die für praktisch jeden landwirtschaftlichen Betrieb geeignet war.

Der Cougar der Serie III wurde beispielsweise in zehn Ausführungen angeboten. Bei den Motoren hatte man die Wahl zwischen den Marken Caterpillar oder Cummins, die zwischen 250 und 280 PS stark waren. Das bestverkaufte Modell war der Cougar ST – die Ausführung mit dem Standardrahmen –, der in fünf Varianten gefertigt

wurde. Hierdurch erhielten Landwirte die Chance, aus einer Palette von vier Leistungsgruppen und zwei Motorenmarken zu wählen. Hinter dem Modellnamen Cougar PT verbarg sich ein Traktor mit einem schmalen Rahmen. Alle Steiger der Serie III waren mit einer elektronisch gesteuerten, hydraulisch angetriebenen Zapfwelle ausgestattet. Auf Wunsch konnte eine Dreipunktaufhängung der Kategorie III mit einer Hubkraft von 5 t montiert werden.
Der Cougar ST 251 war mit einer neuen Fahrerkabine ausgestattet, der man den Namen „Exclusive Steiger Safari Cab" gab. Die Kabine war sehr komfortabel eingerichtet: Zur Ausstattung gehörten Heizung und Klimaanlage, Radio, verstellbares Lenkrad mit verstellbarem Neigungswinkel, gepolsterter Sitz und Zigarettenanzünder.

STEIGER COUGAR ST 251 III

- 1976–1983
- Cummins NT-855-250 Sechszylindermotor
- Turbolader
- 251 PS bei 2100 U/min
- 2-stufiges Gruppengetriebe, 10 Vorwärts- und 2 Rückwärtsgänge
- Höchstgeschwindigkeit 26,9 km/h
- Betriebsgewicht 13,3 t

STEIGER PANTHER ST 325 III

STEIGER PANTHER ST 325 III

- 1976–1983
- CAT 3406 DIT Sechszylindermotor
- 325 PS bei 2100 U/min
- Turbolader
- Spicer-Getriebe, 10 Vorwärts- und 2 Rückwärtsgänge, 2-Gang-Gruppengetriebe
- Höchstgeschwindigkeit 34,4 km/h
- Betriebsgewicht 14,1 t

STEIGER PANTHER PTA 325 III

Dieser Panther hatte die Modellbezeichnung PTA 325 III: PT stand für einen schmalen Rahmen mit elektronisch gesteuerter Zapfwelle, deren Leistung auf 125 PS begrenzt war; A stand für automatisches Getriebe; 325 war die Motorleistung in PS und III bedeutete Serie III. Die Schlepper dieser Serie III zeichneten sich durch die legendäre Bandbreite an lieferbaren Modellen aus: Sie übertraf die jeder vorangegangenen Serie von Steiger und die jedes anderen Traktorenherstellers.

Der PTA mit „Steiger-matic“ war der erste vierradgetriebene Schlepper mit Vollautomatik. Die „Steiger-matic“ darf nicht mit dem „Powershift“ verwechselt werden, einem System, das damals für verschiedene Traktoren angeboten wurde. Sie berechnete Geschwindigkeits- und Lastfaktoren selbstständig und wählte automatisch den optimalen Gang für beste Motorenauslastung und Leistungsfähigkeit. Die Steiger-matic rastete jeden Gang ein, sodass zwischen Motor und Achse eine direkte Verbindung bestand. Die Leistungsfähigkeit eines Wechselschaltgetriebes wurde mit den Annehmlichkeiten eines automatischen Getriebes verbunden.

Ebene Fläche oder Hügelland, schwerer oder leichter Boden, nasse oder trockene Witterung: Der Fahrer brauchte sich nicht über den richtigen Gang den Kopf zu zerbrechen. Er ließ nur das Arbeitsgerät herunter und legte den Gang ein. Dann konnte er praktisch die Hände in den Schoß legen und dem Traktor die Arbeit überlassen. Abends auf dem Heimweg musste er vielleicht noch einmal die Gangschaltung bedienen.

Die Traktoren wurden mit verschiedenen Reifengrößen geliefert. Je nach Reifendurchmesser konnte die Straßengeschwindigkeit des Traktors variieren.

Große Steiger-Knickschlepper werden nicht ausschließlich für die Bodenbearbeitung eingesetzt. Hier zieht ein Panther PTA 325 III ein Husky-Güllefass mit einem Fassungsvermögen von 36.000 l auf Hans Boxlers Farm in Varysburg im Bundesstaat New York, die auf

Milchviehhaltung spezialisiert ist. Hans melkt 1800 Kühe und hat insgesamt 4100 Rinder. Eine Herde dieser Größe produziert mehr als 55 t Gülle pro Tag, sodass der Abtransport für den Panther ein Vollzeitjob ist.

Hans Boxler bebaut zusätzlich mehr als 2000 ha in einem Umkreis von 40 Kilometern. Seine zwei Steiger Panther PTA 325er bearbeiten das Land mit 9 m breiten Grubbern von International. Bei etwa 11 km/h schaffen die beiden an einem Zehn-Stunden-Tag zusammen 200 ha.

STEIGER PANTHER PTA 325 III

- 1980–1982
- CAT 3406 DIT Sechszylindermotor
- Turbolader
- 325 PS bei 2100 U/min
- Allison Automatic 4-Gang-Getriebe – 2-Gang-Gruppengetriebe
- Höchstgeschwindigkeit 24,9 km/h
- Betriebsgewicht 14,7 t

STEIGER PANTHER ST 350 III

Von allen Steiger-Traktoren, die innerhalb der verschiedenen Serien gebaut wurden, war der Panther weltweit das beliebteste Modell. Mit dem 350 PS starken Cummins-V8-Motor war der hier abgebildete Schlepper der stärkste der Panther-Traktoren. Die neun Modelle, die zwischen 296 und 350 PS hatten, eigneten sich sowohl für kleine als auch für große Betriebe.

Die Traktoren der Serie III waren auf Leistung ausgelegt und die Rahmen äußerst robust. Sie bestanden aus 1,27 cm starkem Blech und man hatte sorgfältig eine hierzu passende Kraftübertragung gewählt. Durch ihr gutes Leistungsgewicht waren diese Panther hervorragend für das Ziehen schwerer Lasten geeignet. Mit 20 Vorwärtsgängen konnte der Schlepper seine Leistung in jedem Terrain optimieren, was ihn sehr vielseitig machte. Je nach Reifengröße erzielte dieses Modell Geschwindigkeiten von 2,7 bis 38,3 km/h. Auf Wunsch wurde der Panther mit einer Dreipunktaufhängung der Kategorie III geliefert.

STEIGER PANTHER ST 350 III

- 1976–1983
- Cummins VT903 V8
- 350 PS bei 2300 U/min
- Turbolader
- Spicer-Getriebe, 10 Vorwärts- und 2 Rückwärtsgänge, 2-Gang-Gruppengetriebe
- Höchstgeschwindigkeit 25,7 km/h
- Betriebsgewicht 14,7 t

PANTHER
STEIGER

PANTHER
ST350
STEIGER

STEIGER TIGER ST 450 III

Hans Boxlers Tiger III im Einsatz: Hier zieht er bei etwa 8 km/h einen Tiefenlockerer mit 20 Zinken, die mehr als 30 cm tief in den Boden eindringen.

Als der Tiger III im Jahre 1977 der Öffentlichkeit vorgestellt wurde, war er Steigers größter Traktor. Weltweit war er nach dem Big Bud KT-525 mit seinen 525 PS der zweitstärkste Schlepper auf dem Markt. Innerhalb von zwölf Monaten wurden zwei verschiedene Modelle auf den Markt gebracht. Der ST 450 hatte einen 18 l Caterpillar 3408 V8 mit Turbolader und Ladeluftkühlung, dessen Leistung bei 450 PS lag. Der größere ST 470 war mit einem Cummins 1150 Sechszylindermotor mit fast 19 Liter Hubraum, Turbolader und Ladeluftkühlung ausgestattet. Seine Nennleistung betrug 470 PS. Man benutzte ein Allison Powershift-Getriebe mit sechs Vorwärtsgängen und einem Rückwärtsgang. Auf der Straße konnte der Schlepper eine Höchstgeschwindigkeit von mehr als 32 km/h erzielen, wenn er mit 30.5 x 32 R1 Zwillingsreifen ausgestattet war.

Der Kraftstofftank war im Heckrahmen eingebaut und hatte ein Fassungsvermögen von 1457 l. Sowohl der Cummins- als auch der Caterpillar-Motor zeichnete sich durch sehr niedrigen Kraftstoffverbrauch aus.

Der Tiger III war nicht nur der stärkste Schlepper, den Steiger je gebaut hatte, auch seine Maße übertrafen alles, was das Unternehmen bis dahin produziert hatte: Bis zur Spitze des Auspuffrohrs maß der Schlepper 4,09 m, ohne die Frontgewichte betrug die Länge des Traktors 7,34 m und mit Zwillingsrädern war er 4,85 m breit. Der Radstand lag bei 3,81 m und er wendete mit einem Radius von 5,49 m. Im Betrieb brachte er mindestens 20,6 t auf die Waage, das maximale Betriebsgewicht wurde mit 22,7 t angegeben.

STEIGER TIGER ST 450 III

- 1977–1982
- CAT 3408 DITA V8
- Turbolader und Ladeluftkühlung
- 450 PS bei 2200 U/min
- Allison Powershift, 6 Vorwärtsgänge und 1 Rückwärtsgang
- Höchstgeschwindigkeit 30,7 km/h
- Betriebsgewicht 20,6 t

STEIGER PANTHER KM 360 IV

Auch bei der Serie IV der Steiger-Traktoren hatte der Käufer die Wahl, aber verglichen mit der Serie III war das Angebot bedeutend eingeschränkt worden. Das kleinere Modell, der Wildcat, verschwand von der Bildfläche; die Leistung des größten Modells, des Tigers, wurde auf 525 PS hochgeschraubt.

Es war jedoch der Panther mit seinem Angebot an neun Modellen, ausgestattet mit Cummins- oder Caterpillar-Sechszylinder-Reihenmotoren zwischen 325 und 360 PS, der sich als der Verkaufsschlager herausstellte. Die Bezeichnung der Panther-Modelle der Serie IV bestand aus zwei Buchstaben, gefolgt von einer dreistelligen Zahl, die die Motorleistung angab.

Die Buchstaben CM standen für Caterpillar-Motor und Handschaltgetriebe, KM bedeutete Cummins-Motor mit Handschaltgetriebe, CS stand für Caterpillar-Motor mit „Steiger-matic"-Getriebe, KS für Cummins-Motor und „Steiger-matic"-Getriebe. Modelle mit KP im Namen waren mit Cummins-Motor und Powershift-Getriebe ausgestattet und die Buchstaben SM bedeuteten Komatsu-Motor und Handschaltgetriebe.

STEIGER PANTHER KM 360 IV

- 1983–1985
- Cummins NT 855 A360 Sechszylindermotor
- Turbolader und Nachkühlung
- 360 PS bei 2100 U/min
- Spicer-Getriebe, 10 Vorwärts- und 2 Rückwärtsgänge, 2-Gang-Gruppengetriebe
- Höchstgeschwindigkeit 37 km/h
- Betriebsgewicht 13,6 t

STEIGER PANTHER 1000

Der Steiger Panther 1000 wurde der Öffentlichkeit 1982 vorgestellt und parallel zu den Modellen der Serie IV produziert. Mitte der 80er Jahre brach die Traktorenproduktion in ganz Amerika dramatisch ein. Steiger erlitt während dieser Zeit so große finanzielle Verluste, dass der Hersteller 1986 den Konkurs anmelden musste: Das Unternehmen bekam eine Frist gesetzt, seine Schulden zu bezahlen, während die Produktion aufrechterhalten wurde. Man bemühte sich verzweifelt, auf dem Markt, den Steiger 30 Jahre lang dominiert hatte, wieder Fuß zu fassen.

Steiger musste deshalb seine Produktion in kurzer Zeit umstellen und vereinfachen. Um Kosten einzusparen, wurde konsequent die Zahl der Modelle und Varianten reduziert.

So wurde z.B. die Produktion der Steiger-Traktoren der Serie IV 1985 eingestellt – nur der 525 PS starke Tiger wurde noch bis 1988 gefertigt.

Ende 1985 stellte Steiger mit dem 1000 Cougar seine zweite 1000er Serie der Öffentlichkeit vor, die 1000er Puma, Wildcat, Bearcat und Lion folgten im Jahr 1986.

Ende 1986 kaufte Tenneco, die Muttergesellschaft von Case IH, die Steiger-Fabrik in Fargo, Nord Dakota. Die Produktion der Steiger-Traktoren wurde mit jener der Case IH-Schlepper zusammengelegt. Grüne Knicktraktoren der Marke Steiger liefen in Fargo nur noch für kurze Zeit vom Band, dann verdrängte das Case IH-Rot das berühmte Steiger-Grün. Denn: die Steiger Serie 1000 wurde zur neuen Case IH Serie 9100, die 1987 offiziell der Öffentlichkeit präsentiert wurde. Damit verschwand der Name Steiger zunächst von den großen Knickschleppern.

STEIGER PANTHER 1000

- 1982–1987
- Cummins NTA 855A Sechszylindermotor
- 335 PS bei 2100 U/min
- Turbolader und Zwischenkühlung
- Powershift-Getriebe, 12 Vorwärts- und 2 Rückwärtsgänge
- Höchstgeschwindigkeit 27,8 km/h
- Betriebsgewicht 17,6 t

STEIGER

PANTHER

STEIGER CA 280 III

Zwischen 1982 und 1984 wurden sechs Steiger-Industrietraktoren in gelber Farbgebung gebaut, deren Cummins- oder Caterpillar-Sechszylinder-Reihenmotoren für eine Leistung zwischen 280 und 360 PS sorgten. Ihr Getriebe unterschied sich von dem der landwirtschaftlichen Modelle. Eine Fünfgang-Allison-Automatik mit Wandlerüberbrückung in allen Gängen und ein Steiger Zweigang-Gruppengetriebe sorgten dafür, dass der Fahrer eine Auswahl an zehn Vorwärtsgängen hatte.

Die Steiger-Industrietraktoren wurden hauptsächlich für Planierarbeiten eingesetzt. Mit der Fünfgang-Automatik war es ein Kinderspiel, reibungslos zwischen den verschiedenen Gängen zu wechseln. Es gab nur einige unwesentliche Unterschiede zwischen dem gelben und dem grünen Steiger. Die Fördermenge der Hydraulikpumpe war z.B. von 145 Liter pro Minute auf 200 Liter pro Minute erhöht worden. Es wurden größere und robustere Spezialreifen verwendet. In Verbindung mit dem größeren Gewicht erzielte man hierdurch weniger Schlupf bei der Arbeit.

Der Zusatz „Agricultural“ unter der Modellbezeichnung wies darauf hin, dass der Gelbe für den landwirtschaftlichen Bereich genau so gut geeignet war wie für industrielle Zwecke.

Hier sehen wir einen 1982er Steiger Industrial CA-325 Agricultural (der sich übrigens an den grünen Panther PTA 325 anlehnt) bei der Arbeit mit einem zehnfurchigem Beetpflug mit einer Furchentiefe von 30 cm.

STEIGER CA 280 III

- 1982–1984
- Caterpillar 3406 DIT Sechszylindermotor
- 280 PS bei 2100 U/min
- Turbolader
- Allison 5-Gang-Getriebe, 10 Vorwärts- und 2 Rückwärtsgänge, 2-Gang-Gruppengetriebe
- Höchstgeschwindigkeit 28,2 km/h
- Betriebsgewicht 14,6 t

STEIGER CA 325 III

Der Traktor bearbeitet das Land der My-T Acres-Farm in Batavia im Staat New York. Dieser Betrieb wird seit drei Generationen von der Familie Cell geführt und ist eine der größten Farmen im Staat. My-T Acres baut auf ca. 3500 Hektar Land überwiegend Mais, aber auch Kartoffeln, Rüben und Zwiebeln an.

STEIGER CA 325 III

- 1982–1984
- Caterpillar 3406 DIT Sechszylindermotor
- 325 PS bei 2100 U/min
- Turbolader
- Allison 5-Gang-Getriebe, 10 Vorwärts- und 2 Rückwärtsgänge, 2-Gang-Gruppengetriebe
- Höchstgeschwindigkeit 28,2 km/h
- Betriebsgewicht 14,6 t

CANADIAN CO-OP COUGAR II

Mit einem Netzwerk von 75 Händlern hatte die Canadian Co-op Implements Ltd, deren Hauptverwaltung in der kanadischen Provinz Saskatchewan lag, die Hauptvertriebsrechte für Steiger-Traktoren für Westkanada.
Zwischen 1972 und 1975 produzierte Steiger in seiner Fabrik außer den eigenen Serien auch für andere Hersteller.
Im Jahre 1972 schloss Canadian Co-op ein weiteres Abkommen, in dem sich Steiger dazu verpflichtete, die importierten Steiger-Traktoren der Serie I in Orange zu liefern, der Firmenfarbe von Canadian Co-op. Für die Steiger Tractor Company war dies eine erfolgversprechende Strategie, da den Traktoren des Unternehmens ein zusätzlicher Markt geöffnet wurde.

CANADIAN CO-OP COUGAR II

- 1975
- Caterpillar 3306T Sechszylindermotor
- 227 PS an der Zapfwelle bei 2100 U/min
- Turbolader
- Synchrongetriebe, 10 Vorwärts- und 2 Rückwärtsgänge
- Höchstgeschwindigkeit 28,3 km/h
- Betriebsgewicht 12,5 t

Im Laufe des Jahres 1974 stellte Steiger seine neuen Modelle der Serie II vor. Auch für diese neue Reihe hielt man sich an das mit Canadian Co-op geschlossene Abkommen. Fünf Traktorenmodelle wurden in der Firmenfarbe des Vertragspartners geliefert: Super Wildcat, Bearcat, Cougar, Panther und Turbo Tiger. Die Modelle der Mittelklasse Bearcat, Cougar und Panther stellten sich auf dem kanadischen Markt als die beliebtesten heraus. Bis 1976 arbeiteten die beiden Unternehmen auf diese Weise zusammen, dann richtete die Steiger Company ein eigenes Händlernetzwerk über ganz Kanada ein und es wurden keine orangefarbenen Traktoren mehr produziert. Canadian Co-op Implements verkaufte dann noch einige Jahre lang grüne Steiger-Traktoren der Serie II und der Serie III.

UPTON HT 14-350

Anfang der 60er Jahre begann der Ingenieur Carl Upton aus Corowa Traktoren mit konventionellem Antrieb zu bauen. Dieser Ort liegt im Süden der Region New South Wales, in Australien. Zu Beginn benutzte er alte Panzerteile für die Konstruktion der Traktoren und stellte aus diesen Komponenten mehrere 225 PS starke Schlepper her.

Jedoch wurde der erste in Serie gebaute Traktor, der Upton MT, erst Anfang 1976 gefertigt. Dieser MT (Medium Tractor) war ein echter landwirtschaftlicher Traktor mit einer angetriebenen Achse, dessen Cummins-Sechszylindermotor eine Nennleistung von 290 PS hatte.

Der HT 14-350 wurde 1978 gebaut. Das HT in der Modellbezeichnung stand für Heavy Tractor (schwerer Traktor), die 14 wies auf das 14-Gang Spicer-Getriebe hin, die Zahl 350 repräsentierte die Motorleistung des Cummins Sechszylinder-Dieselmotors. Der von Upton konstruierte Traktor wog etwa 23 t; der Kraftstofftank fasste knapp 1600 l, der leere Tank allein wog 3 t. Der Großteil der Karosserie bestand aus 2,54 cm starkem Blech, das Material für den Rahmen war 32 mm und 48 mm dick, der Zughaken bestand aus Federstahl der Abmessungen 100 x 150 mm.

Die schwere Bauweise des Traktors war nötig, um die 350 PS effektiv auf den Boden übertragen zu können. Die Reifen auf den Antriebsrädern waren Planierreifen des Formats 33.5 x 33 20 Ply, die einen Bodendruck von 1,37 bar ausübten.

Für jede einzelne Pferdestärke, die der Upton-Traktor unter der Haube hatte, gab man dem Schlepper 66,6 kg Gewicht, das ergab ein Gesamtgewicht von 22,96 t. Die meisten Großtraktoren mit Knicklenkung folgen dieser Grundformel von 45,3 kg pro Pferdestärke. Der entscheidende Unterschied: Der Upton war zweiradgetrieben, während ein Knicktraktor vierradgetrieben ist.

Hier ist der HT 14-350 bei der Bearbeitung des Landes nach der Ernte zu sehen. Er zieht eine 10 m breite Ennor-Scheibenegge mit 84 Scheiben. Bei einer Arbeitsgeschwindigkeit von 12,9 km/h schafft das Gespann ca. 13 ha pro Stunde.

UPTON HT 14-350

- 1978
- Cummins Sechszylindermotor
- 350 PS bei 2100 U/min
- Turbolader
- 14-Gang Spicer-Getriebe
- Höchstgeschwindigkeit 29 km/h
- Betriebsgewicht 23 t

UPTON
HT-14/350

HT-14/350

VERSATILE D-100

Die ersten zwei Traktoren, die Peter Pakosh und Roy Robinson 1966 unter dem Namen Versatile bauten, waren der Versatile D-100 mit Dieselmotor und der G-100, der mit Benzin betankt wurde. Beide Schlepper benutzten denselben Rahmen, aber unterschiedliche Motoren. Sie waren der Grundstein für eine Serie von Schleppern mit 100 PS, die für den Farmer ein vierradgetriebenes Arbeitspferd zu einem günstigen Preis bedeutete. Mit dem D-100 fing der Siegeszug des Namens Versatile an, der in kurzer Zeit zu den Marktführern unter den Herstellern von Knicktraktoren aufstieg. Die zwei Traktoren wurden 1965 entwickelt, ab Herbst 1965 gingen sie bereits in Produktion und kamen 1966 auf den Markt.

Die Versatile-Traktoren wurden in Winnipeg in der kanadischen Provinz Manitoba hergestellt. Auch fast 40 Jahre nach der Einführung der ersten Versatile-Traktoren werden an der Clarence Avenue weiterhin Schlepper hergestellt: Bühler Industries Inc. baut in dieser berühmten Fabrik jetzt die Bühler Versatile-Schlepper.

Ein Ford-Sechszylindermotor mit fast 6 Litern Hubraum sorgte beim D-100 für schätzungsweise 128 PS. Dieser Traktor unterschied sich wesentlich von anderen Schleppern auf dem Markt, denn trotz ihrer Leistung von 100 PS waren die Traktoren leichtgewichtig. Außerdem verfügten sie über die Traktion und Stabilität ihrer großen Brüder. Dadurch konnten sie unter Bedingungen arbeiten, mit denen konventionelle Traktoren nicht fertig wurden. Der D-100 wurde günstiger oder zum selben Preis wie ein vergleichbarer zweiradgetriebener Traktor angeboten. So kostete 1966 der D-100 9200 $. Ein konventioneller Schlepper der gleichen Klasse lag preislich bei etwa 12.000 $. Die neuen D- und G-100-Traktoren wurden aus Standardkomponenten hergestellt und waren leicht zu warten und instand zu halten: Auf diese Vorteile konzentrierte man sich bei der Vermarktung der Schlepper.

Insgesamt entstanden lediglich 75 Versatile D-100 Traktoren. Der hier abgebildete restaurierte Schlepper ist voll funktionstüchtig und man kann ihn im Manitoba Agricultural Museum in Austin, Manitoba, bewundern.

VERSATILE D-100

- 1966–1967
- Ford-Vierzylindermotor
- Schätzungsweise 128 PS
- 100 PS am Zughaken
- Manuelles Getriebe, 12 Vorwärts- und 4 Rückwärtsgänge
- Höchstgeschwindigkeit 26 km/h
- Betriebsgewicht 6,25 t

VERSATILE D-850

Im Jahre 1974 stellte Versatile der Öffentlichkeit eine neue, moderne Serie von Traktoren vor. Diese bestand aus vier Modellen mit Leistungen zwischen 230 und 300 PS. Sie wurden ganz einfach als „die erste Serie“ bekannt. Die Traktoren sahen sich alle sehr ähnlich: Aufgebaut aus Standardkomponenten, mit Cummins-Motoren und Versatiles eigenem Zwölfgang-Synchrongetriebe.

Die Serie wurde 1976 und 1977 um einige Modelle erweitert, sodass das Angebot jetzt aus acht Modellen von 192 PS bis 348 PS bestand. Dieser neuen, breiteren Versatile-Produktpalette gab man den Namen „Serie 2“.

Die Traktorenserien, die Versatile zwischen 1974 und 1982 produzierte, zeichneten sich durch zwei unterschiedliche Stilrichtungen aus; der hier abgebildete Schlepper wurde im frühen Versatile-Stil gebaut.

Hauben und Kühler von Traktoren, die gegen Ende der Serie hergestellt wurden, hatten eine modernere Formgebung, dem Fahrer bot sich ein erweitertes Blickfeld und der Motor war für Wartungszwecke besser zugänglich. Der neue Stil wurde in der so genannten Labour Force-Serie weiterverwendet, die parallel zu der laufenden Produktion der Serie 2 im Jahr 1978 schrittweise eingeführt wurde.

Die mit Zwillingsreifen ausgestatteten leistungsstarken Traktoren der Versatile 850-Serie konnten mit Arbeitsgeräten kombiniert werden, die bis zu 18 m breit waren; Geschwindigkeiten von 8–10 km/h bedeuteten eine Arbeitsleistung von 16–18 ha pro Stunde.

VERSATILE 850

- 1976–1977
- Cummins NTC 280 Sechszylindermotor
- 280 PS bei 2100 U/min
- Turbolader
- Synchrongetriebe, 12 Vorwärts- und 4 Rückwärtsgänge
- Höchstgeschwindigkeit 27 km/h
- Betriebsgewicht 16,95 t

VERSATILE 900

Der neue Versatile 900 lief 1974 zum ersten Mal vom Band und war damals der größte Traktor in der Serie, zu der vier Modelle gehörten. Die Nennleistung des Motors lag bei 300 PS, die ein Cummins V 903 Motor lieferte. Der 900er war ein Traktor der Serie 2, der bis 1977 produziert wurde. 1976 erweiterte man das Produktangebot auf acht Modelle und der Versatile 950 war nun der stärkste Schlepper der Serie. Der 900er wurde vier Jahre lang produziert, 1978 wurde er dann von den Labour Force Traktoren abgelöst.

VERSATILE 900

- 1974–1976
- Cummins V-903 V8
- 300 PS bei 2400 U/min
- Schaltgetriebe, 12 Vorwärts- und 4 Rückwärtsgänge
- Höchstgeschwindigkeit 24,5 km/h
- Betriebsgewicht 16,95 t

VERSATILE 875

Die Labour Force-Serie von Versatile wurde 1978 eingeführt und folgte dem Stil seiner Vorläufer, nämlich den Traktoren der Serie 2. Eine Zeitlang wurden beide Serien parallel produziert. Ende der 70er Jahre produzierte Versatile Traktoren, die zu den robustesten produktivsten und preisgünstigsten Schleppern auf dem Markt zählten. Nicht zuletzt dank der neuen Cummins Constant Power-Motoren gehörten die Traktoren der Labour Force-Serie zu den Schleppern mit dem weltweit niedrigsten Kraftstoffverbrauch. Anfangs sah man Versatile-Traktoren nur in den Südstaaten Kanadas und den Nachbarstaaten auf der anderen Seite der Grenze in den USA. Der gute Ruf der Versatile-Maschinen verbreitete sich jedoch, sodass schon 1980 Fahrzeuge in die ganze Welt exportiert wurden und Versatile damit zu den erfolgreichsten Firmen Kanadas gehörte.

Versatile-Schlepper waren nicht die schwersten Traktoren auf dem Markt; sie wurden dennoch sowohl für leichte als auch für schwere Arbeiten eingesetzt. Sie konnten Strohpressen und Erntemaschinen ziehen oder für die Bearbeitung der Felder in Reihenkultur benutzt werden. Um schwerere Arbeiten auszuführen, konnten die Versatile-Schlepper mit zusätzlichen Gewichten an Rahmen und Rädern ausgestattet werden.

VERSATILE 875

- 1978–1984
- Cummins NTA 855-C280 Sechszylindermotor
- 280 PS bei 2100 U/min
- Turbolader
- Versatile 12-Gang-Synchrongetriebe
- Höchstgeschwindigkeit 27 km/h
- Betriebsgewicht 16,9 t

VERSATILE BIG ROY 1080

VERSATILE
JAEGER'S
637-2071

Das Big Roy Model 1080 wurde nach Big Roy Robinson benannt, einem der Gründer und Präsidenten von Versatile. Mit einem Gewicht von knapp über 26 t war der 1080 der größte Traktor, der je in Kanada gebaut wurde.

Der Big Roy beherbergte einen Cummins KTA 1150 Sechszylinder-Dieselmotor mit Turbolader und Nachkühlung unter der Haube, der bei 2100 U/min 600 PS leistete.

Big Roys Konzept war einzigartig: Er hatte acht angetriebene Räder auf vier Achsen. Einer der größten Nachteile dieser Konstruktion war die höhere Bodenverdichtung, die daraus resultierte, dass alle Räder in einer Spur fuhren. Ein Traktor mit zwei Achsen und Zwillings- oder Drillingsbereifung verteilt sein Gewicht gleichmäßiger.

Da der Cummins-Motor sich in der hinteren Hälfte des Traktors befand, wurde dem Fahrer die Sicht nach hinten vollständig genommen. Um dieses Problem zu lösen, befestigte man am Heck des Traktors eine Kamera und in der Kabine einen Bildschirm, sodass der Fahrer sozusagen „fernsehen" konnte, was hinter dem Traktor vorging!

Eigentlich sollte der Big Roy Model 1080 in Serie gehen, aber es blieb bei diesem Prototyp.

VERSATILE BIG ROY 1080

- 1976
- Cummins-Sechszylindermotor
- 600 PS bei 2100 U/min
- Turbolader und Nachkühlung
- Mechanisches 6-Gang-Getriebe
- Höchstgeschwindigkeit 21,2 km/h
- Betriebsgewicht 26,16 t

VERSATILE 1150

VERSATILE 1150

- 1982–1985
- Cummins KTA 1150 C Sechszylindermotor
- 470 PS bei 2100 U/min
- Turbolader mit Nachkühlung
- Synchrongetriebe, 8 Vorwärts- und 4 Rückwärtsgänge
- Höchstgeschwindigkeit 25,7 km/h
- Betriebsgewicht 20,75 t

Der Versatile 1150, der 1982 zum ersten Mal vom Band lief, war mit seinen 470 PS der größte in Serie produzierte Knickschlepper, den das Unternehmen bis dahin gebaut hatte. Man wollte mit diesem Modell dem 470-PS-Tiger von Steiger Paroli bieten. Versatiles Traktor war ein ausgeklügelter Schlepper, der ähnlich teuer wie der vergleichbare Steiger war. Der 1150er war schwerer als Versatile-Traktoren vorangegangener Serien; das höhere Gewicht und der längere Radstand verhinderte das Springen der Räder (power hop), einer Eigenschaft, die sich bei leichteren Schleppern als Problem herausgestellt hatte.

Der Versatile 1150 war mit modernster Elektronik ausgestattet: Vom Ölstand und der Temperatur des Motors, dem Zustand des Getriebes und der Achsen bis zur Temperatur der Abgase wurde alles computerüberwacht, sodass kostspielige Pannen und Ausfallzeiten vermindert werden konnten.

Charlie Inman, dessen mehr als 2000 Hektar große Farm im Nordwesten Montanas liegt, benutzt zwei Versatile 1150-Traktoren. Die Inmans pflanzen jedes Jahr auf etwa 1900 ha Sommer- und Winterweizen und eine kleinere Menge Sommergerste an. Die 1150er sind beide Baujahr 1982 und waren früher beide durchschnittlich 500 Stunden im Jahr im Einsatz.

Diesen Traktor hat Charlie 1982 neu gekauft. Hier zieht er eine pneumatische Flexi-Coil-Drillmaschine 2320 mit einer Arbeitbreite von 17 m und 30 cm Reihenabstand. Charlies Sohn Craig arbeitet mit dem 1150 und der Sämaschine nach dem System der Minimalbodenbearbeitung. Er füllt den großen Saatgutbehälter drei bis vier Mal mit Saatweizen auf; in einem Zwölf-Stunden-Tag bearbeitet er auf diese Weise etwa 180 ha. Da die Inmans nicht mehr pflügen, werden die großen 470 PS starken Traktoren nur noch etwa 200 Stunden im Jahr gebraucht.

2320
VERSATILE
1150

VERSATILE
1150

WAGNER WA-14

Die Wagner-Brüder aus Portland, Oregon (USA), waren Pioniere der modernen Knickschlepper, wie wir sie heute kennen. Der Wagner-Traktor kann für sich in Anspruch nehmen, der erste erfolgreiche landwirtschaftliche Schlepper mit Allradantrieb und Knicklenkung zu sein. Selbst den schwierigsten Bedingungen in der Land- und Forstwirtschaft und der Baubranche war er gewachsen. Der Wagner WA-14 besaß das ideale Gewicht-Leistungs-Verhältnis von 45 kg pro PS, sodass er für alle landwirtschaftlichen Arbeiten, die den Einsatz eines Zughakens erforderten, maximale Zugkraft anzubieten hatte. Dadurch war seine Leistung mit der eines Raupentraktors vergleichbar. Mit seinen Gummireifen war er einem Kettenfahrzeug in Geschwindigkeit und Wendigkeit überlegen; gleichzeitig waren die Kosten für Unterhalt und Ersatzteile bedeutend geringer als für einen Raupenschlepper. Wenn der WA-14 passende Arbeitsgeräte zog, übertraf sein Arbeitspensum das eines Raupenschleppers mit vergleichbarer PS-Zahl um 20 bis 50 Prozent!

Mit seinen 220 PS gehörte der WA-14 Wagner zur Mittelklasse. Von den sechs Modellen dieser Serie zwischen 98 bis 300 PS war er wahrscheinlich der Beliebteste. Der WA-14 konnte bei 8–10 km/h genauso leicht einen 12-m-Kultivator wie eine 12 m breite Sämaschine ziehen und dabei bequem eine Fläche von etwa 12 ha pro Stunde bearbeiten.

Sein Vorläufer war der 160 PS starke Wagner TR-14, der 1956 auf den Markt kam und bis 1960 produziert wurde. Mit zusätzlichen 60 PS ausgestattet, entstand der Wagner WA-14, der zwischen 1961 und 1968 vom Band lief. Die Modellbezeichnung WA stand für Wagner Agricultural, also für den landwirtschaftlichen Bereich; Traktoren mit dem Kürzel WI in der Modellbezeichnung waren für den Gebrauch in der Bauindustrie (Wagner Industrial) bestimmt.

Die FWD Corporation mit Sitz in Wisconsin kaufte 1961 einen Geschäftsbereich der Wagner Corporation und übernahm kurze Zeit später die Produktion der landwirtschaftlichen Traktoren unter dem Namen FWD Wagner. Modelltechnisch wurden nur kleinere kosmetische Änderungen vorgenommen – technisch blieb der Schlepper im Wesentlichen unverändert. Der 220 PS starke FWD Wagner WA-14 war – und ist auch heute noch – auf den schier endlosen Ebenen Nordwestamerikas und Südkanadas ein zuverlässiger und beliebter Schlepper.

WAGNER WA-14

- 1961–1968
- Cummins NH 220 C Sechszylindermotor
- 220 PS bei 2100 U/min
- Zweistufiges Fuller-Getriebe, 10 Vorwärts- und 2 Rückwärtsgänge
- Höchstgeschwindigkeit 29,8 km/h
- Betriebsgewicht 10,3 t

WALTANNA 4-120

Ende der 50er Jahre zog James Nagorcka auf die Farm seines Vaters im australischen Hamilton, Victoria, um im Familienbetrieb zu helfen. Die Farm besaß damals einen Massey Harris 203 Senior und einen Massey Ferguson 65. Später wurden diese Schlepper durch einen Allis-Chalmers 190XT und einen Allis-Chalmers HD5 ersetzt. Aber James, der eine Begabung für Konstruktion und Technik hatte, war auch mit diesen Traktoren noch nicht zufrieden.

WALTANNA 4-120

- 1974
- Caterpillar 3208 V8
- 120 PS bei 2600 U/min
- 10-Gang Roadranger-Getriebe
- Höchstgeschwindigkeit 24,1 km/h
- Betriebsgewicht 9,05 t

WALTANNA 4-250

James ging zu einem Landmaschinenhändler in der Nähe, der ihm zu einem Knicktraktor riet. James hatte einige der frühen Versatile- und Steiger-Schlepper gesehen, die nach Australien eingeführt worden waren, und beschloss, seinen eigenen Schlepper in Komponentenbauweise zu konstruieren.

Ende 1974, Anfang 1975 baute Nagorcka seinen ersten Knicktraktor. Die grundlegenden Prinzipien waren recht einfach. Der Schlepper wurde in zwei Hälften gebaut: Motor, feststehende Vorderachse und Kabine wurden auf der vorderen Hälfte angebracht und auf der hinteren Hälfte befanden sich das Getriebe und die zweite feststehende Achse. Die zwei Teile wurden mit einem Knickgelenk verbunden.

Ein Caterpillar 1150 V8-Motor sorgte beim ersten Waltanna für 120 PS, das Getriebe war ein Zehngang-Roadranger LKW-Getriebe und die Achsen stammten von einer forstwirtschaftlichen Maschine.

WALTANNA 4-250

- 1977–1980
- Caterpillar 3208 V8
- 250 PS bei 2200 U/min
- Turbolader
- Powershift-Getriebe, 14 Vorwärts- und 2 Rückwärtsgänge
- Höchstgeschwindigkeit 29,8 km/h
- Betriebsgewicht 12,5 t

WALTANNA 4-325

WALTANNA 4-325

- 1977–1980
- Caterpillar 3406 Sechszylindermotor
- 325 PS bei 2100 U/min
- Turbolader
- Powershift-Getriebe, 14 Vorwärts- und 2 Rückwärtsgänge
- Höchstgeschwindigkeit 29,8 km/h
- Betriebsgewicht 13,2 t

WALTANNA 44-380

WALTANNA 44-380

- 1981–1984
- Caterpillar-Sechszylindermotor 3406DITA
- 380 PS bei 2100 U/min
- Turbolader und Nachkühlung
- Spicer 10-Gang-Getriebe, 20 Vorwärts- und 4 Rückwärtsgänge
- Höchstgeschwindigkeit 27,5 km/h
- Betriebsgewicht 17,58 t

WALTANNA 55-360

In der Zwischenzeit hatte Ford Australien sich verschiedene Knicktraktoren bei der Arbeit angesehen und war besonders am Waltanna-Traktor interessiert. Ford hatte erkannt, dass man keinen Traktor im Programm hatte, mit dem das Unternehmen in diesem schnell wachsenden Markt konkurrieren konnte. Deshalb reisten Angestellte von Ford Australien nach Hamilton, um mit James und June Nagorcka zu verhandeln. Schließlich einigte man sich darauf, dass die Nagorckas für den australischen Markt blaue Schlepper für Ford herstellen sollten. 1986 wurde ein Vertrag unterzeichnet, in dem Waltanna sich verpflichtete, für Ford Australien eine Serie von Traktoren zu bauen, die zwischen 163 und 400 PS hatten.

WALTANNA 55-360

- 1985–1989
- Caterpillar 3406B Sechszylindermotor
- 360 PS bei 2100 U/min
- Turbolader und Nachkühlung
- Powershift-Getriebe, 12 Vorwärts- und 2 Rückwärtsgänge
- Höchstgeschwindigkeit 29 km/h
- Betriebsgewicht 17,7 t

WALTANNA 55-400

Der Waltanna 55-400, Baujahr 1986, war der größte Schlepper dieses australischen Herstellers. Er war eine Sonderanfertigung, nach den technischen Angaben des Kunden entworfen und gebaut: Der zugstarke Schlepper sollte für lasergesteuertes Planieren landwirtschaftlicher Flächen eingesetzt werden.

Der Traktor, der der Firma Craig Druitt Earthworks, Deniliquin in Australien gehört, kommt nun häufig bei Erdarbeiten zum Einsatz. Diese werden durchgeführt, um mit Hilfe einer lasergesteuerten, etwa 4,90 m breiten Horwood Bagshaw Scraperbox Bewässerungsreservoirs auszuheben, wodurch die Wasserversorgung der Felder verbessert wird. Die Scraperbox hat ein Fassungsvermögen von 16 m^3.

WALTANNA 55-400

- 1985–1989
- Caterpillar 3406C Sechszylindermotor
- 460 PS bei 2100 U/min
- Turbolader und Nachkühlung
- 6-Gang Allison-Lastschaltung
- Höchstgeschwindigkeit 27,5 km/h
- Betriebsgewicht 17,77 t

WALTANNA FW-35

Die Traktoren der FW-Reihe waren es, die ab 1986 in Zusammenarbeit mit Ford Australien gebaut wurden. Das FW stand übrigens für Ford Waltanna: Es bestand nicht die geringste Verbindung zu der FW-Serie von Steiger, die in Amerika gebaut wurde. So wurden der 163 PS starke FW-25 und der FW-35 mit 195 PS den interessierten Landwirten vorgestellt, die von diesen Traktoren der Mittelklasse sehr beeindruckt waren. Die Schlepper hatten hervorragende Traktion, waren leicht zu manövrieren und konnten problemlos Anbaugeräte bis zu 12 m Breite ziehen und dabei Geschwindigkeiten von 8–10 km/h erzielen.

WALTANNA FW-35

- 1986–1988
- Ford TW Sechszylindermotor
- 195 PS bei 2.200 U/min
- Turbolader mir Ladeluftkühlung
- Ford 8-Gang-Synchrongetriebe mit Dual Powershift, 16 Vorwärts- und 4 Rückwärtsgänge
- Höchstgeschwindigkeit 30,7 km/h
- Betriebsgewicht 10,3 t

WALTANNA FW-375

Das Abkommen war leider nur von kurzer Dauer. Es wurde gelöst, als die Ford New Holland-Gruppe Ende 1987 den kanadischen Traktorenhersteller Versatile übernahm und kurze Zeit später die blauen Ford Versatile-Traktoren nach Australien einführte.
James und June Nagorcka waren auch die letzten Hersteller landwirtschaftlicher Traktoren in Australien. Ihr Unternehmen Waltanna stellte die Produktion von Knickschleppern 1989 ein, produzierte aber noch bis 1992 Gummiraupenschlepper. Auch wenn in Australien keine Großtraktoren mehr vom Band laufen: Noch immer entwerfen die Nagorckas Gummiraupen-Systeme für führende Hersteller von Landmaschinen.
Als die Produktion allradangetriebener Traktoren 1989 eingestellt wurde, hatte James Nagorcka insgesamt 165 rote Waltanna-Schlepper und 45 FW-Traktoren in Blau und Weiß hergestellt.

WALTANNA FW-375

- 1986–1988
- Caterpillar 3406B Sechszylindermotor
- 375 PS bei 2100 U/min
- Turbolader und Nachkühlung
- Powershift-Getriebe, 12 Vorwärts- und 2 Rückwärtsgänge
- Höchstgeschwindigkeit 33,3 km/h
- Betriebsgewicht 16,45 t

WALTANNA HIGH DRIVE

Um die Zukunft des Unternehmens zu sichern, fing James Nagorcka Anfang der achtziger Jahre an, sich mit Gummikettensystemen zu befassen. Er war besonders an den Vorteilen interessiert, die diese Schlepper für den Einsatz in der Landwirtschaft mit sich brachten.

Nagorcka fiel 1983 auf, dass sein Allis-Chalmers HD5, den er auf seiner Farm benutzte, recht langsam war. Andererseits hatte dieser Traktor den großen Vorteil, dass er sehr leistungsfähig war, denn die Traktion war hervorragend. Nagorcka war der Meinung, dass die Geschwindigkeit des Schleppers erhöht werden könne, wenn man statt der Stahlketten Gummiketten benutzte; die überragende Leistungsfähigkeit des Raupensystems würde hierbei komplett erhalten bleiben.

Im gleichen Jahr entwickelte er erste Pläne für dieses neue System. 1985 hatte er ein Design für den ersten Traktor mit Gummiketten entwickelt. Der erste funktionstüchtige Prototyp wurde im Jahr 1989 fertiggestellt.

Damals gab es noch keine Gummiketten und -riemen. Also entwarf er eine endlose Gummikette und suchte nach Möglichkeiten, einen Gummiriemen herzustellen. Die Endlos-Gummikette besteht nicht einfach nur aus einem Gummiband, sondern ist von Stahldrähten durchzogen, die längs durch das gesamte Band laufen und zusätzlich hierzu verlaufen weitere Drähte durchgehend spiralförmig von einer Seite des Riemens zur anderen. Diese Verstärkungen sorgen dafür, dass die Länge der Gummikette stabil bleibt, wodurch man einen konstanten Antrieb erhält. Im Gummiriemen befinden sich mehrere verschiedene Draht- und Gummischichten; die Konstruktion der Riemen ist eine Wissenschaft für sich.

Dieser erste Raupenschlepper von Waltanna war ein Standardantrieb, ein so genannter „Lo-Drive“ der den mit Stahlketten ausgestatteten Raupen jener Zeit sehr ähnelte. Die mittlere Laufrolle des Schleppers war gefedert und der Lo-Drive hatte einen unmittelbaren Antrieb, wobei der Riemen seine Spannung über das Vorderrad erhielt. Dieser Raupenschlepper erwies sich insofern als erfolgreich, als er das Prinzip von Flotation und leistungsfähiger Traktion unter Beweis stellte, das ein Gummikettensystem brauchte. Der Schwachpunkt des flachen Kettensystems war, dass feuchte Erde und andere unerwünschte Materialien sich zwischen Kette und Antriebsrad festsetzten, was zu Schlupf und unnötigem Verschleiß des Antriebsmechanismus führte.

Achtzehn Monate später entwickelte Waltanna erfolgreich das so genannte Hi-Drive System, das sich als überlegen herausstellte: Es vereinte alle Vorteile des Gummikettensystems – Erde und andere unerwünschte Materialien konnten sich aber nicht im Antrieb dieses neuen Systems festsetzen. Hi-Drive war und ist ein sehr sauberes unmittelbares Antriebssystem.

Für den Hi-Drive entwickelte Nagorcka ein neues Federungssystem: Alle Räder des Traktors konnten gefedert sein, nicht nur die mittlere Laufrolle, sondern auch die Umlenkräder vorne und hinten, wodurch der Komfort für den Fahrer des Schleppers bedeutend verbessert wurde – um Komfort für den Fahrer und ein positives Fahrerlebnis bemühte sich das Unternehmen durchgehend bei der Entwicklung seiner Raupenfahrzeuge.

Während der vergangenen 12 Jahre hat Nagorcka mit den meisten großen Herstellern zusammengearbeitet, um ihnen dabei zu helfen, ihre eigenen Gummikettensysteme zu konstruieren. Er betätigte sich zum Beispiel in Nordamerika, wo er mit Unternehmen wie John Deere, New Holland und AGCO arbeitete. Nagorcka ist stolz, an diesen Entwicklungen mitgewirkt zu haben – besonders an der Weiterentwicklung der John Deere Raupentraktoren mit Gummiketten ist er auch heute noch aktiv beteiligt.

WHITE FIELD BOSS 4-175

Die neuen White Field Boss-Knickschlepper von 1974 wurden als Traktoren der Einstiegsklasse auf den Markt gebracht. Ausgestattet mit Caterpillar V8-Dieselmotoren waren sie ideal für die mittelgroße Farm.

Der hier abgebildete Traktor ist ein 4-175, wobei die 4 für Vierradantrieb und die 175 für die verfügbare PS-Leistung des Motors steht. Sein Vorgänger, der Field Boss 4-150, war im Prinzip der gleiche Traktor mit dem gleichen Caterpillar V8-Motor 3208 unter der Haube, hier stand die 150 jedoch für die an der Zapfwelle abgegebene Leistung.

Ursprünglich gab man bei Traktoren die Leistung am Zughaken oder an der Zapfwelle an. Nach mehr als 70 Jahren ging man aber dazu über, die Leistung des Motors am Schwungrad anzugeben. Das sorgte kurze Zeit für Verwirrung, da man sich nicht sicher sein konnte, ob die Nummer auf dem Traktor für die Motorleistung oder die PS an der Zapfwelle stand. Die PS an der Zapfwelle entsprachen

WHITE FIELD BOSS 4-175

- 1979–1982
- Caterpillar 3208 V8
- 175 PS bei 2600 U/min
- Powershift-Getriebe, 18 Vorwärts- und 6 Rückwärtsgänge
- Höchstgeschwindigkeit 25,7 km/h
- Versandgewicht 9,6 t

der Leistung, die der Traktor tatsächlich erbrachte; die Angabe von Motoren-PS war erheblich ungenauer: Ein Motor hat so viele Verlustquellen – von Kühlergebläse und Druckluftbremse bis zur Klimaanlage. Es ist daher unmöglich, aus der Leistung am Schwungrad auf die Leistung an der Zapfwelle oder am Zughaken zu schließen.

Mit 70 Jahren Erfahrung im Rücken baute White Farm Equipment (WFE) eine große Bandbreite an qualitativ hochwertigen Traktoren, deren Motorleistung zwischen 43 und 270 PS lag, womit sie für den Einsatz auf den meisten landwirtschaftlichen Betrieben geeignet waren. Die Produktion der Knickschlepper von White wurde 1988 eingestellt.

WHITE FIELD BOSS 4-150

WHITE FIELD BOSS 4-150

- 1974–1978
- Caterpillar 3208 V8
- 175 PS bei 2800 U/min
- 150 PS an der Zapfwelle
- Powershift-Getriebe, 18 Vorwärts- und 6 Rückwärtsgänge
- Höchstgeschwindigkeit vorwärts 24,3 km/h
- Versandgewicht 8,9 t

WHITE FIELD BOSS 4-210

WHITE FIELD BOSS 4-210

- 1978–1982
- Caterpillar 3208 V8
- 210 PS bei 2800 U/min
- 180 PS an der Zapfwelle
- Powershift-Getriebe, 18 Vorwärts- und 6 Rückwärtsgänge
- Höchstgeschwindigkeit 25,7 km/h
- Versandgewicht 9,96 t

WHITE WFE 4-210

White Farm Equipment, der Landmaschinenbereich der White Motor Company, wurde 1980 an die TIC Investment Corporation aus Dallas, Texas, verkauft. Nachdem die Produktion in Charles City, Iowa, ein Jahr lang wegen eines Konkursverfahrens ruhte, wurde sie im Januar 1981 wieder aufgenommen. Der neue Eigentümer änderte das Äußere des White Field Boss: Der Name und der silberne Streifen an der Seite des schwarzgrauen Traktors verschwanden von der Karosserie. Stattdessen erschien die neue WFE-Modellbezeichnung, ein leuchtend roter Streifen am Rande der Haube und ein neuer Kühlergrill.
Die konventionellen Traktoren der WFE 2-Serie kamen 1981 auf den Markt, die Knicktraktoren der Serie WFE 4 folgten ein Jahr später.

WHITE WFE 4-210

- 1982–1988
- Caterpillar 3208 V8
- 210 PS bei 2800 U/min
- 180 PS an der Zapfwelle
- Powershift-Getriebe, 18 Vorwärts- und 6 Rückwärtsgänge
- Höchstgeschwindigkeit 25,7 km/h
- Versandgewicht 9,96 t

Aus dem White Field Boss 4-175 mit 175 PS und dem 210 PS starken 4-210er wurden 1982 der neue WFE 4-175 und der WFE 4-210; alle technischen Details waren identisch; die einzigen Unterschiede waren der rote Streifen und der Name.
Im Jahre 1983 stellte man zwei weitere Modelle dieser Serie vor, den 225 PS starken 4-225 und den 4-270 mit 270 PS. Auch in den neuen WFE-Traktoren bediente man sich der verlässlichen Caterpillar-Motoren.
Der letzte WFE-Schlepper lief 1988 in Charles City vom Band. White Farm Equipment wurde 1991 von der schnell wachsenden AGCO Corporation aufgekauft.